脳をきたえる
インド数学ドリル
入門編

著
高橋清一

監修
GIIS［グローバル・インディアン・インターナショナル・スクール］日本代表
ニヤンタ・デシュパンデ

監修のことば

　グローバル・インディアン・インターナショナル・スクール（GIIS）は，インドの経済発展，IT企業等の海外進出にともない，海外に赴任するインド人の子弟に，インド国内とおなじレベルの教育を受けられる環境を維持するために，インドの経済界や政治家の賛同を得て設立されたNPO法人です。

　GIISは幼稚園から高校までの一貫教育を行っています。日本には，首都圏だけでも約1万人のインド人がいます。今後もさらに増え，数年のうちに2万人くらいになるのではないかと，予測しています。そのため，早急にインド人学校の必要に迫られていました。本部のあるシンガポールやマレーシアについで，わたくしが代表として，2006年7月東京校を開校しました。

　日本のビジネスマンもたくさん海外に出かけていますから，赴任に当たっての不安のひとつに，子どもたちの教育をどうするか，帰国してから日本の学校についていけるかなど，同じような悩みを抱えていると思います。

　さて，GIISの簡単な紹介がすんだので，わたくしの教育についての基本的な考え方を述べたいと思います。

　現在，インドの経済発展，ITエンジニアリングに注目があつまっています。2桁九九の暗記のように，インドでは伝統的に算数教育が発達していて，暗算はまるでインドの国技のようなものだとも言えるでしょう。

　経済のグローバル化は，好むと好まざるとにかかわらず，世界的な規模で競争を生んでいます。ビジネスで活躍するすぐれた人材を供給する必要があります。理数やITの専門性の高い学生をたくさん養成しなければ，競争に勝ち抜くことはできません。これは，理屈ではありません。ですから，インドでは，日本でいう「ゆとり教育」の議論はありません。

　GIISでは，早期から基礎をたくさん教えること，基本的な考え方を身につけさせることに力を注いでいます。基礎体力がしっかり身についていないと，先へすすんでも能力が伸びないからです。

さて，本書「脳をきたえる インド数学ドリル」は，先に述べたようなわたくしの考え方をふまえて，基礎を繰り返し，たくさん学ぶ，という方針にもとづいて編集されています。また，考え方がしっかり頭に入るように，解き方の手順を重視しています。

　本書で紹介されているインド数学のメソッドは，正確にはマス目式と線式の箇所はインド式とは断定できません。その他についても，わたくしが祖母から教わった口伝のようなメソッドが多く，インドの学校でもすべてを教えているわけではありません。

　わたくしどもの運営母体であるグローバル・インディアン・エドケーション・ファウンデーションの理事長をしているL・M・シンヴィは，インドで国会議員を務め大統領候補にもなった人ですが，ベーダ数学にも詳しく，その分野の本の監修をしたこともあります。

　理事長からのメッセージとして「日本の小学校の算数離れを食い止めるお役に立つなら，インドの国宝ともいえるインド式数学をみなさんに教えてあげることは意義のあることです」と言っています。

　わたくしは来日して，IT企業で働いている時も，このような計算のメソッドを日本の子どもたちにも教えたいと思っていました。

　最近，「世界ふしぎ発見！」などのテレビ番組や雑誌で報道され，地域の公立小学校からも講演の申し込みが入っています。これらのメソッドが，より算数を楽しく身近に感じる手助けになればとお受けしています。

　今回の本はインド数学の入門書としては最適ですが，中級・上級と，まだまだいろんなメソッドがあります。2桁の九九もそうですが，これらのインド式数学は数学的な感性が磨かれます。そして算数を考える脳を刺激し，きたえてくれます。

Global Indian International School
日本代表 ニヤンタ・デシュパンデ

目次 CONTENTS

監修のことば／GIIS 日本代表　ニヤンタ・デシュパンデ …………… 2
目　次 ……………………………………………………………………… 4
本書の使い方 ……………………………………………………………… 6

第1章　インド数学ドリルの実践 …………… 7

1　75×75は，いくつ？ …………………………………… 8
1の位が足して10ならば，ある算法が使えるかも！
コラム①　カレー好きな日本人 ……………………… 12

2　四角形におきかえる ………………………………… 16
右脳を使って，スピードアップ！

3　たすき掛け算のマジック …………………………… 24
右手，左手，そして，たすきをかけて掛け算すればいい
コラム②　宝石と美女 ………………………………… 31

4　マスを埋めてパズルのように解く ………………… 32
マス目を埋めていけば，2桁3桁の掛け算も九九で間に合うよ
コラム③　日本とインドの関係 ……………………… 41

5　繰り上がり分かち書き法 …………………………… 42
九九と1桁の暗算だけでオーケー，これですよ！

6　10台の掛け算ならおまかせあれ …………………… 50
手品じゃないか，だって，インドはマジシャン？

7　線を引けば答えがでる ……………………………… 56
ガンジス川の砂浜，悠久の発想を楽しむ

脳をきたえる インド数学ドリル　入門編

8　因数に分解してカンタンに …… 64
　似たものでくくって，計算しやすくする
　　コラム④　インドは世界最大の民主主義国で映画王国 …… 71

**9　ニヤンタ・デシュパンデさんに
　　　教わった，とっておきのやり方** …… 72
　遊び感覚で，数をたのしみ，自然に覚えちゃう！
　　コラム⑤　もう一つの宝石 タージ・マハル …… 81

10　まだまだある，ふしぎな掛け算 …… 82
　インド，また，インドでなくても，掛け算で遊ぼう！

第❷章　インド数学の話，あれこれ …… 89

1　インドの九九，世界の九九 …… 90
　「ゼロを発見した国」だけあって優秀なインド！

2　数にまつわる話，あれこれ …… 96
　抽象的な想像力に恵まれたインド人

3　計算に強くなる本 …… 102
　さらに脳をきたえる，おすすめの出版物

**4　グローバル・インディアン・
　　　インターナショナル・スクール訪問記** …… 104
　ニヤンタ・デシュパンデさんにインタビュー

あとがき …… 110

脳をきたえる インド数学ドリル（入門編）
本書の使い方

　本書はインド数学の10のやり方を紹介し，ドリルを通して理解を深める構成になっています。第1章の「インド数学ドリルの実践」は，おのおの，つぎの3部門に分かれています。

> ① 解き方を例題によって解説
> ② 解き方の過程をたどるドリル
> ③ 実践ドリル

☆ 本書の使い方

1．脳をきたえ，頭が活性化する意味

> ① 問題の意味，解き方を正しく理解する
> ② 九九をはじめ，暗記力をたかめる
> ③ 計算がすばやく，正しくできる
> ④ その結果として，頭が柔らかくなり，発想が豊かになる

この4つを踏まえて，本書に取り組みましょう。

2．最低3回は実践ドリルをこなす

1回目　内容を正しく理解する
・解説をじっくり読んで理解し，例題を実際にやってみる。
・標準時間を気にしないで，解き方の手順をしっかり身につける。

2回目　標準時間，正答数にも留意する
・解説を読み，理解を確かなものにする。
・時間を計りながら問題を解き，何問正答したか記録する。

3回目　問題を見て，解き方がすぐに頭に浮かぶか確かめる
・解説をとばして，問題に取り組む。
・解き方が身についているかを確かめる。
・標準時間，正答数は参考程度でもいい。

4回目　仕上げ
・試験を受けるつもりで，時間，正答数を記録する。

　完璧にマスターするには，最低でも3回挑戦することをおすすめします。
　なお，本書には，四角形を描いたり，線をたくさん引いたり，一般の計算ドリルとはちがう問題がたくさん出てきます。また，問題を解く過程が大事ですから，鉛筆と計算用紙を用意してください。

高橋　清一

第1章

インド数学ドリルの実践

いろんな計算方法を,
自在に使えるようにしよう!

豊富な練習問題で,
確実に"脳力"をアップ!

インドについての
知識をひろげるコラムもあるよ。

1 75×75は, いくつ?

1の位が足して10ならば, ある算法が使えるかも!

75×75は, またたく間に, 5625, とはじき出せるのだ。
ある法則を知っていれば, だけど……。

もったいぶらないで, はやく教えろって？
うん, わかりました。たった, ふたつの掛け算でオーケーです。

> 1の位を掛けると, 5×5＝25　これが1と10の位。
> 10の位の数の　7×(7＋1)＝56　これが100と1000の位。
>
> 　　　　　　答えは, 5625

ほかの数でも確かめないと, 納得しないあなたに, ほら……。

> 46×44は, 4×6＝24
> 　　　　　4×(4＋1)＝20
>
> 　　　　　答えは, 2024　正解です。

1の位が足して
10ならいいん
だよね！

ところが, このやり方は, 万能じゃない。

53×27は, 7×3＝21
　　　　　5×(?)となってしまい, (?)に入れられない。

タネあかしをすると, この方法が使えるのは,
つぎの**ふたつの条件**を満たしたときだけです。

> ①　1の位の数を足すと, 10になる。
> ②　10の位の数が同じ。

覚えるのは, たったこれだけ。紙と鉛筆なしでも, すいすい。

第1章 ① 75×75は，いくつ？

まず，10の位を計算，つぎに，1の位を計算すれば，
そのまま正解になっちゃう。知ってみれば，な〜んだ，でしょう？

じゃあ，この条件にあう2桁の掛け算は何通りか，調べてみよう。

　　11×19，12×18，13×17，14×16，15×15
　　21×29，22×28，23×27，24×26，25×25
　　　　︙

30の位から90の位も，5通りずつ。みんなで45通り。
裏返しもあるからね。全部で90通り。
15×15のような2乗の型を除くと，厳密には**81通り**になる。

あっけない，とはいっても，ものごとにはトレーニングが必要だ。
ドリルをやって，どんどん慣れよう。

**2桁の掛け算は，まず
1の位どうし，10の位どうしに
注目しよう。**

はじめは，
分解した式を
頭に叩き込むことが
ポイントだよ。

問題1

標準時間 各問 3秒　正答数 /4

答えを求めてみよう。

① 11×19 → 1×(1+1) と 1×9　答え＿＿＿＿＿

② 12×18 → 1×(1×1) と 2×8　答え＿＿＿＿＿

③ 13×17 → 1×(1+1) と 3×7　答え＿＿＿＿＿

④ 14×16 → 1×(1+1) と 4×6　答え＿＿＿＿＿

☞正解は15ページにあります。

もう，げっぷが出るほど，頭に入った？
でも，念には念をいれて，ふたたびドリル。

問題2

標準時間 各問 3秒　正答数 /4

答えを求めてみよう。

① 21×29 → 2×(2+1) と 1×9　答え＿＿＿＿＿

② 22×28 → 2×(2+1) と 2×8　答え＿＿＿＿＿

③ 23×27 → 2×(2+1) と 3×7　答え＿＿＿＿＿

④ 24×26 → 2×(2+1) と 4×6　答え＿＿＿＿＿

☞正解は15ページにあります。

(○+○) 内の合計は，暗算でいこう。

第1章 ① 75×75は，いくつ？

問題3

標準時間 各問 3秒　正答数 /4

（　）に正しい数を入れて，答えを求めてみよう。

① 31×39 → 3×(　　) と 1×9　答え_____

② 32×38 → 3×(　　) と 2×8　答え_____

③ 33×37 → 3×(　　) と 3×7　答え_____

④ 34×36 → 3×(　　) と 4×6　答え_____

☞正解は15ページにあります。

ここまでのドリルで，**あるパターン**に気がついた人は，合格だ。
右側の計算は，9，16，21，24，25の5通りだけ。
左側の計算も，10台なら2，20台なら6，それ以上は
12，20，30，42，56，72，90の9通りだけ。

パターンがわかったら，すべて**暗算**でやってみよう。

問題4

標準時間 各問 3秒　正答数 /4

（　）に正しい数を入れて，答えを求めてみよう。

① 41×49 → (　　) と (　　)　答え_____

② 42×48 → (　　) と (　　)　答え_____

③ 43×47 → (　　) と (　　)　答え_____

④ 44×46 → (　　) と (　　)　答え_____

☞正解は15ページにあります。

11

問題5

標準時間 各問 3秒　正答数 /5

（　）に正しい数を入れて、答えを求めてみよう。

① 51×59 → （　　）と（　　）　答え＿＿＿＿＿＿

② 52×58 → （　　）と（　　）　答え＿＿＿＿＿＿

③ 53×57 → （　　）と（　　）　答え＿＿＿＿＿＿

④ 54×56 → （　　）と（　　）　答え＿＿＿＿＿＿

⑤ 55×55 → （　　）と（　　）　答え＿＿＿＿＿＿

☞正解は15ページにあります。

コラム① カレー好きな日本人

　チェルノブイリ原発がメルトダウン（炉心溶融）した年，シベリア鉄道でヨーロッパへ行った。旅に疲れると，慣れ親しんだ味が恋しくなる。日本料理は少なく，例えあっても目が飛び出るような値段。カレーか，ラーメンはないか，行く先々で探したが，期待は裏切られるばかり。ロンドンのインド人街で野菜カレーにありつく。そのうまかったこと，これが人間の食べ物だと，大げさに思った。日本人とカレーの出合いは明治以降。お雇い外国人のクラーク博士の関連や，北海道開拓史にも，カレーライスが登場するというが，本式のインドカレーは，新宿紀伊国屋書店の向かい，中村屋が発祥の地だ。インド独立運動の志士ラス・ビハリ・ボースを，英国の圧迫から守ったのが，創業者相馬愛蔵。やがてボースは愛蔵の娘むこになる。昭和のはじめ，中村屋が喫茶店を開くとき，インド貴族のボースがカレーライスを提供したのが始まり。それから80年。うどん，そば，カツ，なんでもござれ。もともと，インドの調味香辛料だから，不思議でもなんでもない。

第1章　1　75×75は，いくつ？

問題6

標準時間 各問 3秒　正答数 /5

（　）に正しい数を入れて，答えを求めてみよう。

① 61×69 → （　　）と（　　）　答え＿＿＿＿＿＿

② 62×68 → （　　）と（　　）　答え＿＿＿＿＿＿

③ 63×67 → （　　）と（　　）　答え＿＿＿＿＿＿

④ 64×66 → （　　）と（　　）　答え＿＿＿＿＿＿

⑤ 65×65 → （　　）と（　　）　答え＿＿＿＿＿＿

☞正解は15ページにあります。

問題7

標準時間 各問 3秒　正答数 /5

（　）に正しい数を入れて，答えを求めてみよう。

① 71×79 → （　　）と（　　）　答え＿＿＿＿＿＿

② 72×78 → （　　）と（　　）　答え＿＿＿＿＿＿

③ 73×77 → （　　）と（　　）　答え＿＿＿＿＿＿

④ 74×76 → （　　）と（　　）　答え＿＿＿＿＿＿

⑤ 75×75 → （　　）と（　　）　答え＿＿＿＿＿＿

☞正解は15ページにあります。

問題8

標準時間 各問 3秒　正答数 /5

(　)に正しい数を入れて、答えを求めてみよう。

① 81×89 → (　　) と (　　)　答え＿＿＿＿＿

② 82×88 → (　　) と (　　)　答え＿＿＿＿＿

③ 83×87 → (　　) と (　　)　答え＿＿＿＿＿

④ 84×86 → (　　) と (　　)　答え＿＿＿＿＿

⑤ 85×85 → (　　) と (　　)　答え＿＿＿＿＿

☞正解は15ページにあります。

問題9

標準時間 各問 3秒　正答数 /5

(　)に正しい数を入れて、答えを求めてみよう。

① 91×99 → (　　) と (　　)　答え＿＿＿＿＿

② 92×98 → (　　) と (　　)　答え＿＿＿＿＿

③ 93×97 → (　　) と (　　)　答え＿＿＿＿＿

④ 94×96 → (　　) と (　　)　答え＿＿＿＿＿

⑤ 95×95 → (　　) と (　　)　答え＿＿＿＿＿

☞正解は15ページにあります。

第1章　1　75×75は, いくつ？

満点じゃないと, **不合格**だよ。
さらに, かかった**時間**も重要だ。

まず, 使えるかどうか, **目**でしっかり確認することがカンジン。
使えるとわかったら, イッチニの暗算。

確認と暗算だけなら, **3秒で十分**。
問題1から4までは**各**4問だから**各問題12秒**。
問題5から9までは**各**5問だから
各問題15秒を目安にしよう。

解　答

問題1　① 209
　　　② 216
　　　③ 221
　　　④ 224

問題2　① 609
　　　② 616
　　　③ 621
　　　④ 624

問題3　① 4, 1209
　　　② 4, 1216
　　　③ 4, 1221
　　　④ 4, 1224

問題4
　① 20, 9, 2009
　② 20, 16, 2016
　③ 20, 21, 2021
　④ 20, 24, 2024

問題5
　① 30, 9, 3009
　② 30, 16, 3016
　③ 30, 21, 3021
　④ 30, 24, 3024
　⑤ 30, 25, 3025

問題6
　① 42, 9, 4209
　② 42, 16, 4216
　③ 42, 21, 4221
　④ 42, 24, 4224
　⑤ 42, 25, 4225

問題7
　① 56, 9, 5609
　② 56, 16, 5616
　③ 56, 21, 5621
　④ 56, 24, 5624
　⑤ 56, 25, 5625

問題8
　① 72, 9, 7209
　② 72, 16, 7216
　③ 72, 21, 7221
　④ 72, 24, 7224
　⑤ 72, 25, 7225

問題9
　① 90, 9, 9009
　② 90, 16, 9016
　③ 90, 21, 9021
　④ 90, 24, 9024
　⑤ 90, 25, 9025

2 四角形におきかえる

右脳を使って，スピードアップ！

左脳さんは，ことばや文字を扱い，**右脳**さんは，図形などのパターン処理が得意。この能力を掛け算に応用したのが，**四角形をつくる掛け算**だ。
メモ用紙に四角形を描いて練習。慣れたら，イメージだけですばやく暗算。

　３７×４２を例にすると，縦長が３７，横長が４２の長方形を描き，つぎに，縦の３７を３０と７に線を引いて分け，横の４２も，４０と２に分ける。

　下図のように，３０×４０，７×４０，２×３０，２×７の**4つの長方形**ができたら，準備完了。

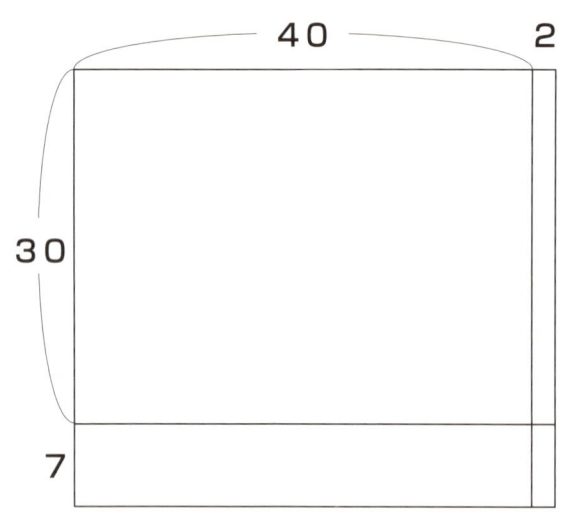

① 10の位の数を掛け算し，100倍する。
　３×４×１００＝１２００

② 1の位の数を，相手方の10の位の数と掛け算し，10倍する。
　７×４×１０＝２８０
　２×３×１０＝６０
　合計すると，３４０

③ 1の位の数を掛ける。
　７×２＝１４

合計すると，①+②+③＝１２００＋３４０＋１４＝**１５５４**
要するに，2桁の掛け算を，**4つの長方形の面積で計算**するわけだ。

　もうひとつ，長方形をつくって練習してみよう。

第1章　2　四角形におきかえる

２３×１８の場合，下図のような４つの四角形ができる。

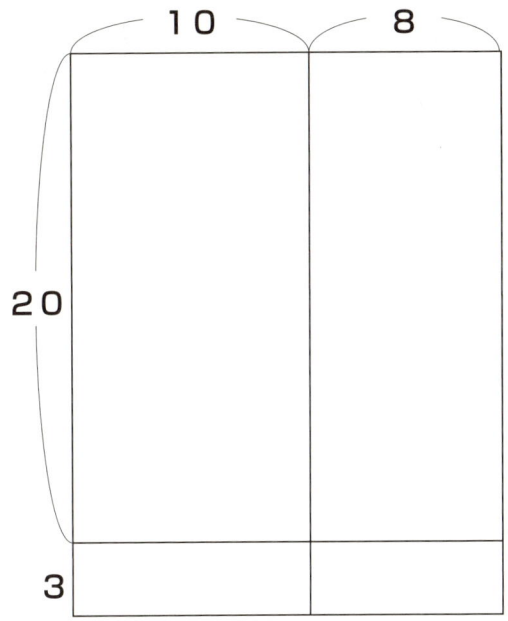

① １０の位の数どうしを掛け算して，１００倍。
２×１×１００＝２００

② １の位の数と相手方の１０の位の数を，それぞれ掛け算して，１０倍。
３×１×１０＝３０
８×２×１０＝１６０
合計すると，１９０

③ １の位の数を掛け算する。
３×８＝２４

合計すると，２００＋１９０＋２４＝**４１４**

右脳を使って，２桁の掛け算を四角形に置き換えてみよう！

17

仕組みがわかったら，こんどは，四角形を頭の中だけでイメージしよう。
①〜③は暗算，合計する練習に挑戦。いざ，出発！

41×59の場合
　① 4×5×100＝2000
　② 1×5×10＝50
　　 9×4×10＝360
　③ 1×9＝9
　　合計　2419

67×83の場合
　① 6×8×100＝4800
　② 7×8×10＝560
　　 3×6×10＝180
　③ 7×3＝21
　　合計　5561

17×28の場合
　① 1×2×100＝200
　② 7×2×10＝140
　　 8×1×10＝80
　③ 7×8＝56
　　合計　476

94×57の場合
　① 9×5×100＝4500
　② 4×5×10＝200
　　 7×9×10＝630
　③ 4×7＝28
　　合計　5358

①〜③までの4つの**計算に慣れよう**。

第1章 ② 四角形におきかえる

問題 1

標準時間 各問 20秒　正答数 /5

( )に正しい数を入れてみよう。

① 18×29　　1×2×(　　)＝200
　　　　　　8×2×(　　)＝(　　)
　　　　　　9×(　　)×(　　)＝90
　　　　　　(　　)×(　　)＝72
　　　　　　合計　(　　　　)

② 27×35　　2×(　　)×(　　)＝600
　　　　　　(　　)×3×(　　)＝210
　　　　　　5×(　　)×(　　)＝100
　　　　　　7×(　　)＝35
　　　　　　合計　(　　　　)

③ 47×13　　(　　)×1×(　　)＝(　　)
　　　　　　7×(　　)×(　　)＝70
　　　　　　(　　)×4×(　　)＝120
　　　　　　(　　)×(　　)＝21
　　　　　　合計　(　　　　)

④ 67×82　　6×(　　)×(　　)＝4800
　　　　　　(　　)×8×(　　)＝(　　)
　　　　　　2×(　　)×(　　)＝120
　　　　　　(　　)×2＝(　　)
　　　　　　合計　(　　　　)

19

⑤ 19×94　　1×9×(　　)＝900
　　　　　　9×(　　)×(　　)＝810
　　　　　　(　　)×1×(　　)＝40
　　　　　　9×(　　)＝36
　　　　　　合計　(　　　　　　)

☞正解は23ページにあります。

倍数は100と10としっかり覚えよう。

問題2

標準時間　各問20秒　　正答数 ／5

(　　)に正しい数を入れてみよう。

① 38×25　　(　　)×(　　)×100＝600
　　　　　　(　　)×(　　)×10＝160
　　　　　　(　　)×(　　)×10＝150
　　　　　　(　　)×(　　)＝(　　)
　　　　　　合計　(　　　　　　)

② 16×67　　(　　)×(　　)×100＝(　　)
　　　　　　(　　)×(　　)×10＝360
　　　　　　(　　)×(　　)×10＝(　　)
　　　　　　(　　)×(　　)＝(　　)
　　　　　　合計　(　　　　　　)

③ 51×86　　(　　)×(　　)×100＝(　　)
　　　　　　(　　)×(　　)×10＝80
　　　　　　(　　)×(　　)×10＝(　　)
　　　　　　(　　)×(　　)＝(　　)
　　　　　　合計　4386

第1章　2　四角形におきかえる

④　49×77　　（　　）×（　　）×100＝2800
　　　　　　　（　　）×（　　）×10＝630
　　　　　　　（　　）×（　　）×10＝（　　）
　　　　　　　（　　）×（　　）＝（　　）

　　　　　　　合計　3773

⑤　97×89　　（　　）×（　　）×100＝（　　）
　　　　　　　（　　）×（　　）×10＝560
　　　　　　　（　　）×（　　）×10＝（　　）
　　　　　　　（　　）×（　　）＝（　　）

　　　　　　　合計　8633

☞正解は23ページにあります。

倍数は100と10，掛け算の順番も，しっかり頭に入ったはずだ。

マスターできたら，すべて暗算でドリルに挑戦しよう！

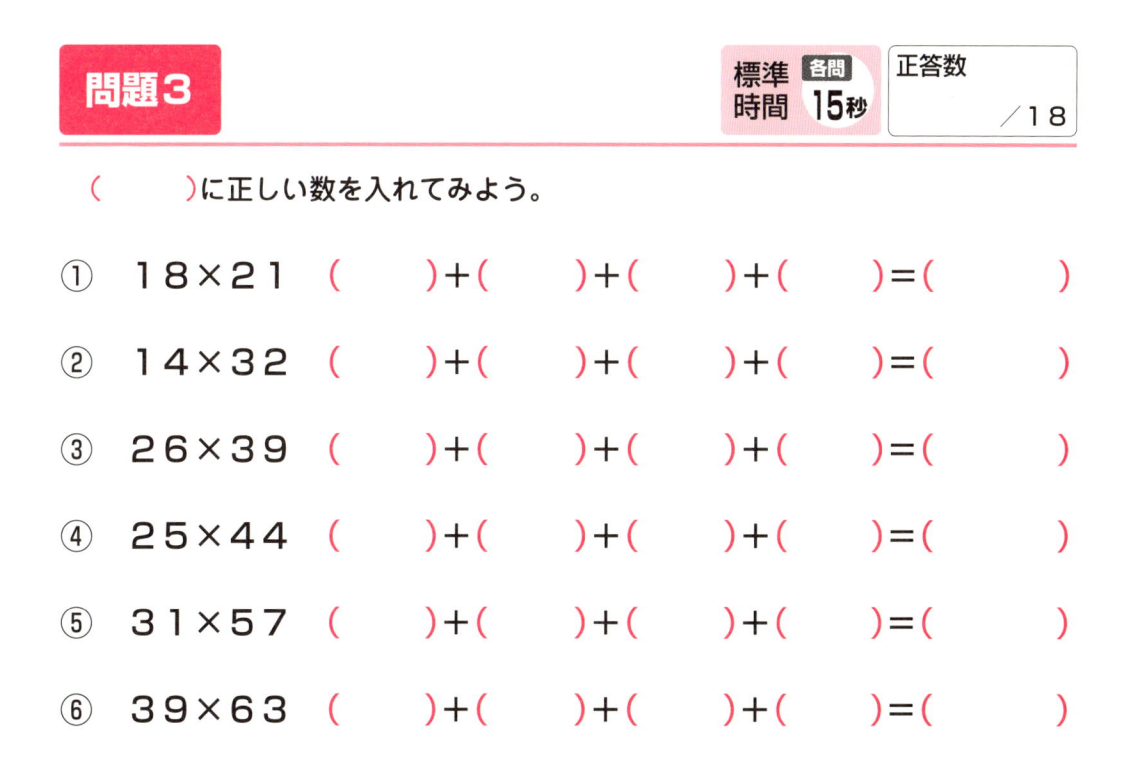

問題3　　　　　　　　　　標準時間 各問 15秒　　正答数 ／18

（　　）に正しい数を入れてみよう。

① 18×21　（　　）＋（　　）＋（　　）＋（　　）＝（　　）
② 14×32　（　　）＋（　　）＋（　　）＋（　　）＝（　　）
③ 26×39　（　　）＋（　　）＋（　　）＋（　　）＝（　　）
④ 25×44　（　　）＋（　　）＋（　　）＋（　　）＝（　　）
⑤ 31×57　（　　）＋（　　）＋（　　）＋（　　）＝（　　）
⑥ 39×63　（　　）＋（　　）＋（　　）＋（　　）＝（　　）

⑦ 46×49　(　)+(　)+(　)+(　)=(　)

⑧ 43×75　(　)+(　)+(　)+(　)=(　)

⑨ 55×28　(　)+(　)+(　)+(　)=(　)

⑩ 51×83　(　)+(　)+(　)+(　)=(　)

⑪ 66×34　(　)+(　)+(　)+(　)=(　)

⑫ 69×48　(　)+(　)+(　)+(　)=(　)

⑬ 72×27　(　)+(　)+(　)+(　)=(　)

⑭ 76×88　(　)+(　)+(　)+(　)=(　)

⑮ 87×37　(　)+(　)+(　)+(　)=(　)

⑯ 82×61　(　)+(　)+(　)+(　)=(　)

⑰ 94×74　(　)+(　)+(　)+(　)=(　)

⑱ 97×91　(　)+(　)+(　)+(　)=(　)

☞正解は23ページにあります。

ムガール帝国シャー＝ジャハーンが王妃のために建立した大理石の廟タージ・マハル

解答

問題1　① 100
　　　　　10, 160
　　　　　1, 10
　　　　　8, 9
　　　　　522

　　　② 3, 100
　　　　　7, 10
　　　　　2, 10
　　　　　5
　　　　　945

　　　③ 4, 100, 400
　　　　　1, 10
　　　　　3, 10
　　　　　7, 3
　　　　　611

　　　④ 8, 100
　　　　　7, 10, 560
　　　　　6, 10
　　　　　7, 14
　　　　　5494

　　　⑤ 100
　　　　　9, 10
　　　　　4, 10
　　　　　4
　　　　　1786

問題2　① 3, 2
　　　　　8, 2
　　　　　5, 3
　　　　　8, 5, 40
　　　　　950

　　　② 1, 6, 600
　　　　　6, 6
　　　　　7, 1, 70
　　　　　6, 7, 42
　　　　　1072

　　　③ 5, 8, 4000
　　　　　1, 8
　　　　　6, 5, 300
　　　　　1, 6, 6

　　　④ 4, 7
　　　　　9, 7
　　　　　7, 4, 280
　　　　　9, 7, 63

　　　⑤ 9, 8, 7200
　　　　　7, 8
　　　　　9, 9, 810
　　　　　7, 9, 63

問題3　① 200, 160, 10, 8, 378
　　　② 300, 120, 20, 8, 448
　　　③ 600, 180, 180, 54, 1014
　　　④ 800, 200, 80, 20, 1100
　　　⑤ 1500, 50, 210, 7, 1767
　　　⑥ 1800, 540, 90, 27, 2457
　　　⑦ 1600, 240, 360, 54, 2254
　　　⑧ 2800, 210, 200, 15, 3225
　　　⑨ 1000, 100, 400, 40, 1540
　　　⑩ 4000, 80, 150, 3, 4233
　　　⑪ 1800, 180, 240, 24, 2244
　　　⑫ 2400, 360, 480, 72, 3312
　　　⑬ 1400, 40, 490, 14, 1944
　　　⑭ 5600, 480, 560, 48, 6688
　　　⑮ 2400, 210, 560, 49, 3219
　　　⑯ 4800, 120, 80, 2, 5002
　　　⑰ 6300, 280, 360, 16, 6956
　　　⑱ 8100, 630, 90, 7, 8827

3 たすき掛け算のマジック

右手，左手，そして，たすきをかけて掛け算すればいい

2桁の掛け算は，九九をひとつずつ展開しなくても，カンタンにできる。
まず，ふつうの掛け算とおなじように式を書く。
すこし間隔を広めに書くと，桁の繰り上がりが書きやすい。

〈37×42の計算〉

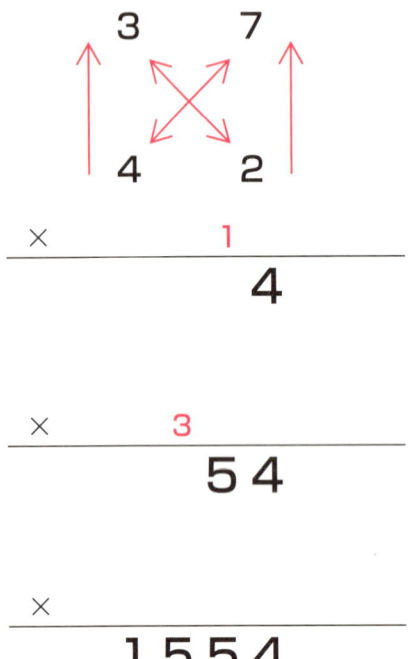

① 1の位を上下に掛けると，14
横線の下に4を記入。
繰り上がった1を横線の上に小さく記入。

② たすき掛けの矢印のとおり，交互に掛け，合計する。
(2×3)+(4×7)=34
①で繰り上がった1を足すと，35
横線の下，10の位に5を記入し，繰り上がった3を横線の上に，小さく書く。

③ 10の位の上下を掛けると，12
②で繰り上がった3を足して，15
答えは，1554

カンタン，カンタン。
計算式を書いても，省スペース，効率的に答えが出せる。
念には念，もう1問やってみよう。

〈19×74の場合〉

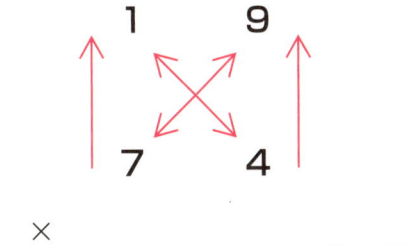

① 4×9＝36
　6を書き，繰り上がった3を小記。

② (4×1)＋(7×9)＝67
　小記した3を足すと，70
　0を書き，繰り上がった7を小記。

③ 7×1＝7
　繰り上がった7を足して，14
　答えは，**1406**

もう**仕組み**は，すいすい頭に入ったはず！
う〜ん？というあなたに，もう1問。

〈59×93の場合〉

```
    5    9

    9    3
  ×_____
```

① 3×9＝27
　7を書き，2を小記。

② (3×5)＋(9×9)＝96
　小記した2を足して，98
　8を書き，9を小記。

③ 9×5＝45
　小記した9を足して，54
　答えは，**5487**

問題1

標準時間 各問 45秒　正答数／3

(　)に数を入れて，手順をしっかりのみ込もう。

A

```
  6 5
  3 5
×
―――
```

① 5×(　)＝25
5を書き入れ，(　)を小記。

② 5×(　)＋(　)×5＝(　)
繰り上がった(　)を足して，(　)
7を書き入れ，(　)を小記。

③ 3×6＝18
繰り上がった(　)を足すと，(　)
答えは，(　)

B

```
  2 8
  6 7
×
―――
```

① (　)×8＝(　)
(　)を書き入れ，5を小記。

② (　)×2＋6×(　)＝(　)
繰り上がった(　)を足して，(　)
7を書き入れ，(　)を小記。

③ 6×2＝12
繰り上がった(　)を足すと，(　)
答えは，(　)

慣れてくれば，カンタンだね！

第1章 ③ たすき掛け算のマジック

C

```
  4 4
  5 2
×
―――――
```

① (　) × (　) = 8 を書き入れる。

② (　) × (　) + (　) × (　)
　= 2 8
　8 を書き入れ, (　) を小記。

③ (　) × (　) = (　)
　繰り上がった (　) を足して, 2 2
　答えは, (　　　　　)

☞正解は31ページにあります。

こんどは少し, 大きめの数でやってみよう。
数が大きくなると, 2桁の数が繰り上がる。
こんがらがらないよう, 注意してね。

問題2　標準時間 各問 45秒　正答数 /3

(　) に正しい数を入れてみよう。

A

```
  9 9
  8 8
×
―――――
```

① (　) × (　) = (　)
　2 を書き入れ, (　) を小記。

② (　) × (　) + (　) × (　)
　= 1 4 4
　繰り上がった (　) を足して, 1 5 1
　1 を書き入れ, 繰り上がった (　)
　を小記。

③ (　) × (　) = 7 2
　繰り上がった (　) を足して, 8 7
　答えは, (　　　　　)

27

B

```
    7 6
    9 4
×  ─────
```

① (　)×(　)=(　)
　(　)を書き入れ，(　)を小記。

② (　)×(　)+(　)×(　)
　=(　)
　繰り上がった(　)を足して，8 4
　(　)を書き入れ，(　)を小記。

③ (　)×(　)=(　)
　繰り上がった(　)を足して，(　)
　答えは，(　)

C

```
    9 2
    8 4
×  ─────
```

① (　)×(　)=(　)
　(　)を書き入れる。

② (　)×(　)+(　)×(　)
　=(　)
　(　)を書き入れ，(　)を小記

③ (　)×(　)=(　)
　繰り上がった(　)を足して，(　)
　答えは，(　)

☞ 正解は31ページにあります。

できましたか？
もう，のみ込めましたか？
こんどは①②③を暗算し，
答えをスピーディーに導き出しましょう。

第1章 3 たすき掛け算のマジック

問題3

標準時間 各問 45秒　正答数 ／5

(　　)に正しい数を入れてみよう。

A

```
   1 8
   6 5
×_____
答え(　　)
```

①の掛け算は(　　),(　　)を書き,(　　)を小記。
②の掛け算は(　　),(　　)を足して,(　　　),(　　)を書き,(　　)を小記。
③の掛け算は(　　),(　　)を足して,(　　　)

B

```
   3 6
   6 3
×_____
答え(　　)
```

①の掛け算は(　　),(　　)を書き,(　　)を小記。
②の掛け算は(　　),(　　)を足して,(　　　),(　　)を書き,(　　)を小記。
③の掛け算は(　　),(　　)を足して,(　　　)

C

```
   7 7
   3 3
×_____
答え(　　)
```

①の掛け算は(　　),(　　)を書き,(　　)を小記。
②の掛け算は(　　),(　　)を足して,(　　　),(　　)を書き,(　　)を小記。
③の掛け算は(　　),(　　)を足して,(　　　)

D

```
   5 4
   8 9
×_____
答え(　　)
```

①の掛け算は(　　),(　　)を書き,(　　)を小記。
②の掛け算は(　　),(　　)を足して,(　　　),(　　)を書き,(　　)を小記。
③の掛け算は(　　),(　　)を足して,(　　　)

E

```
    9 5      ①の掛け算は(    ),(    )を書き,(    )を小記。
    4 8      ②の掛け算は(    ),(    )を足して,(    ),
×  ─────              (    )を書き,(    )を小記。
答え(    )    ③の掛け算は(    ),(    )を足して,(    )
```

☞正解は31ページにあります。

ドリルの仕上げは，**右脳のイメージ**だけで暗算しよう。

問題4

標準時間 各問 30秒　　正答数 ／14

(　　)に正しい数を入れてみよう。

① 12×41 = (　　　　)

② 16×54 = (　　　　)

③ 23×37 = (　　　　)

④ 27×72 = (　　　　)

⑤ 55×17 = (　　　　)

⑥ 59×69 = (　　　　)

⑦ 47×33 = (　　　　)

⑧ 35×26 = (　　　　)

⑨ 65×68 = (　　　　)

⑩ 77×33 = (　　　　)

⑪ 87×78 = (　　　　)

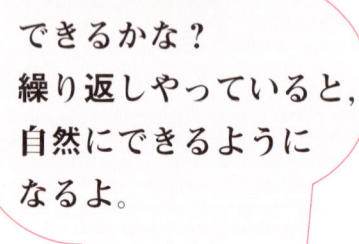

なんとか暗算できるかな？繰り返しやっていると，自然にできるようになるよ。

⑫ 81×38 = (　　　　　　　)

⑬ 91×19 = (　　　　　　　)

⑭ 96×94 = (　　　　　　　)

☞正解は31ページ（このページの下）にあります。

コラム②　宝石と美女

　インドは絶世の美女の国でもある。美女が愛するものといえば，宝石だ。ビクトリア女王の王冠を飾ったのも，インドのダイヤモンド。悲劇のマリー・アントワネットが愛したのも，インド産の「ブルー・ダイヤモンド」。ブラジルや南アフリカでダイヤモンドが発見されるまで，インドは千年前からダイヤモンドを産出していた。その伝統は，ダイヤのカット技術として残っている。スタールビー，ガーネット，ムーンストーン，サファイアも産出し，日本への輸出品目に占める割合は大きい。

解　答

問題1
- Ⓐ ① 5, 2　② 6, 3, 45, 2, 47, 4　③ 4, 22, 2275
- Ⓑ ① 7, 56, 6　② 7, 8, 62, 5, 67, 6　③ 6, 18, 1876
- Ⓒ ① 2, 4　② 2, 4, 5, 4, 2　③ 5, 4, 20, 2, 2288

問題2
- Ⓐ ① 8, 9, 72, 7　② 8, 9, 8, 9, 7, 15
　③ 8, 9, 15, 8712
- Ⓑ ① 4, 6, 24, 4, 2　② 4, 7, 9, 6, 82, 2, 4, 8
　③ 9, 7, 63, 8, 71, 7144
- Ⓒ ① 4, 2, 8, 8　② 4, 9, 8, 2, 52, 2, 5
　③ 8, 9, 72, 5, 77, 7728

問題3
- Ⓐ ① 40, 0, 4　② 53, 4, 57, 7, 5　③ 6, 5, 11, 1170
- Ⓑ ① 18, 8, 1　② 45, 1, 46, 6, 4　③ 18, 4, 22, 2268
- Ⓒ ① 21, 1, 2　② 42, 2, 44, 4, 4　③ 21, 4, 25, 2541
- Ⓓ ① 36, 6, 3　② 77, 3, 80, 0, 8　③ 40, 8, 48, 4806
- Ⓔ ① 40, 0, 4　② 92, 4, 96, 6, 9　③ 36, 9, 45, 4560

問題4
① 492　② 864　③ 851　④ 1944　⑤ 935
⑥ 4071　⑦ 1551　⑧ 910　⑨ 4420　⑩ 2541
⑪ 6786　⑫ 3078　⑬ 1729　⑭ 9024

マスを埋めて
パズルのように解く

マス目を埋めていけば，2桁3桁の掛け算も九九で間に合うよ

　インドの人はきっと，地面に描いて計算したんだろうな。それほど単純。
まず，掛け合わせる数字の桁数に合わせたマス(格子)を描く。
　37×42なら，下図のような4マスを描き，左下がりの斜線を入れる。
そして，マスの上に3, 7，横に4, 2と書く。ここまでが準備。

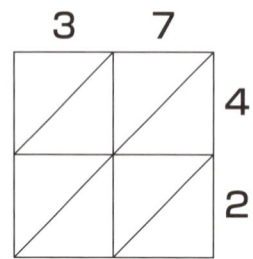

次は計算だ。
① 各マスの右の数と，上の数を掛ける。
　7×4＝28をマスの斜線の中に書き入れる。

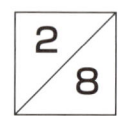

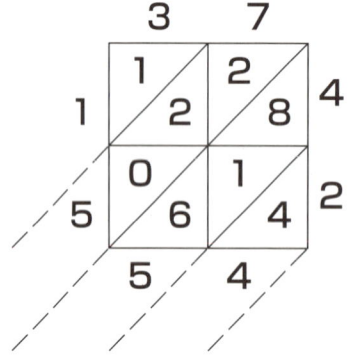

おなじ要領で，
7×2，3×4，3×2の結果を埋めていくと，左図になる。
② 左下がり斜線の枠内にそって右下から足し算をし，マスの外に書けばいい。ただし，繰り上がったら，つぎの枠に足すこと。

　枠の外の数字を左上から，順番にならべれば，答えは1554。

これが噂のマス目法か！
意外にカンタンだね。

マス掛け算は，3桁以上の大きな掛け算にも，自由自在。

３４８×２７なら，横３マス，縦２マスを描き，左下がりの斜線を入れる。

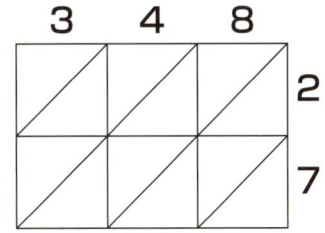

① ８×２，８×７，４×２というふうに，順番に結果を書いていく。
② 斜線の枠内の数を，足し算して，枠の外に書き，繰り上がったら，つぎの枠に足し算する。
③ 枠外の数を左上から並べると，答えは９３９６

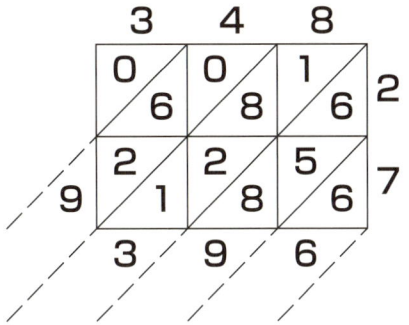

シンプル，単純，すげー，いろんな感嘆符が，浮かぶじゃないか。
おもしろいのは，このやりかたは，逆さまでも使えることだ。

**左下がりの斜線のキライな人は，右下がりでもいいのだ！
その場合は，右側の数を左に移すだけ。**

でも，あなどってはいけません。
マスがあんまりイビツだと，
斜線がくるって，混乱するからね。

練習ドリルに挑戦。2桁からね。

問題1

標準時間 各問 20秒　正答数 /4

下記のマスに数を書き込んで，答えを求めてみよう。

① 28×47

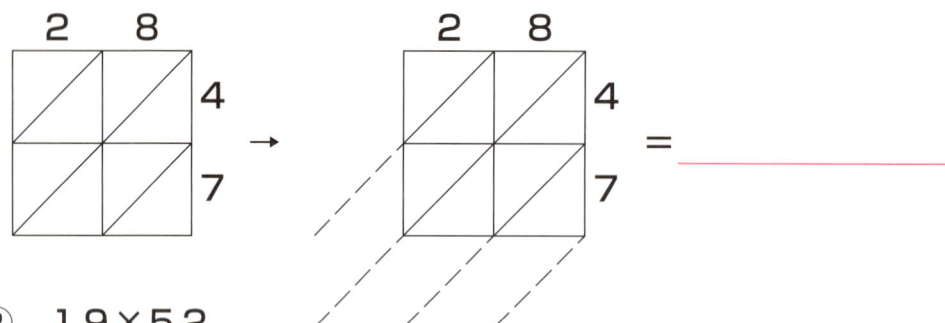 =

② 19×52

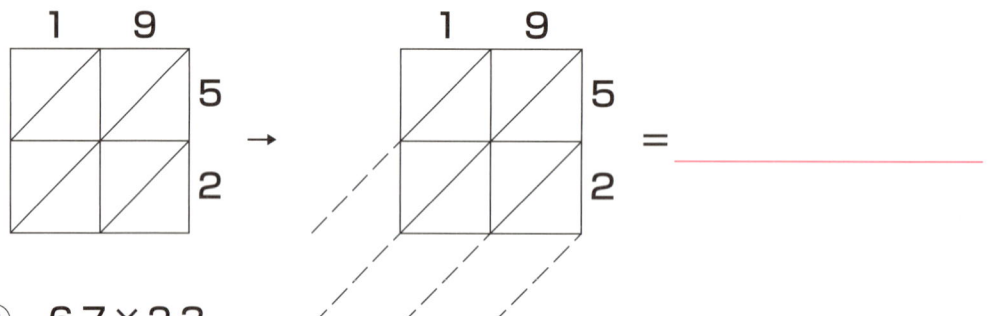 =

③ 67×23

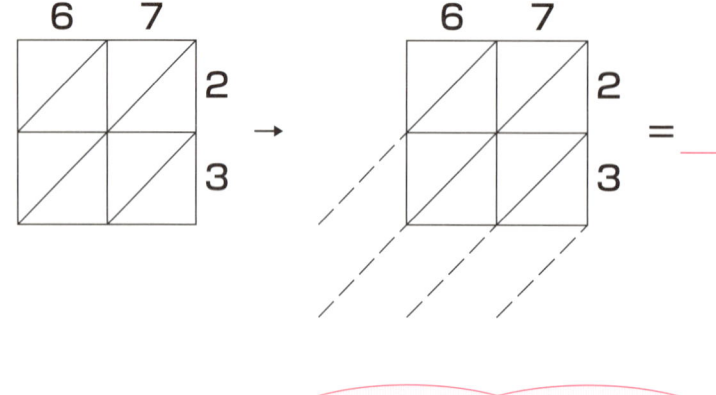 =

慣れたかな？

④ 83×17

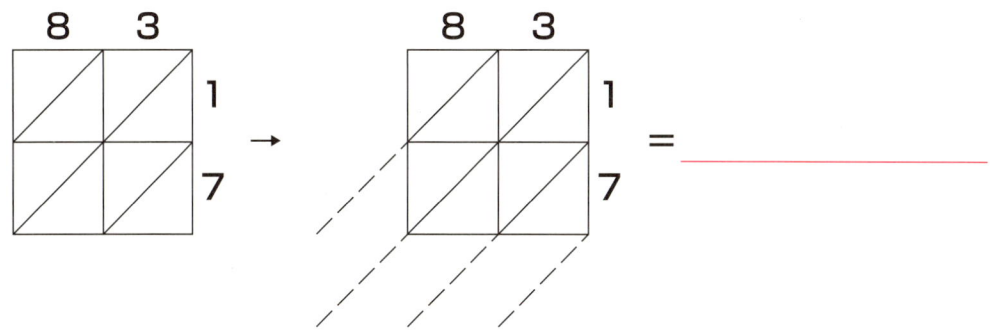

☞正解は40ページにあります。

2桁は，これで十分．2桁×3桁のドリルをやってみよう．

| 問題2 | 標準時間 各問 30秒 | 正答数 /5 |

下記のマスに数字を書き込んで，答えを求めてみよう．

① 23×256

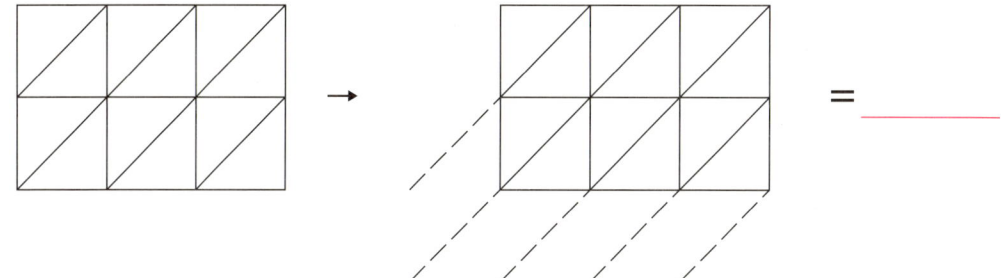

② 45×678

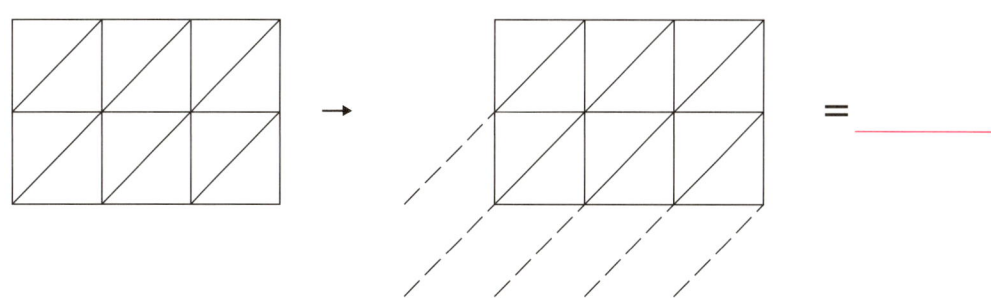

35

③ 47×789

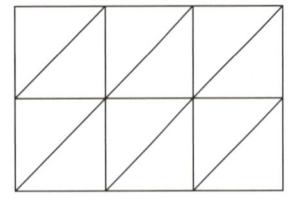  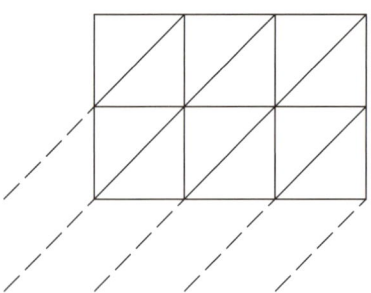 = _____

④ 57×479

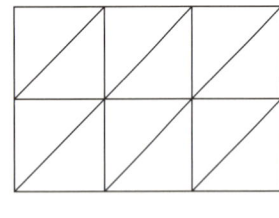  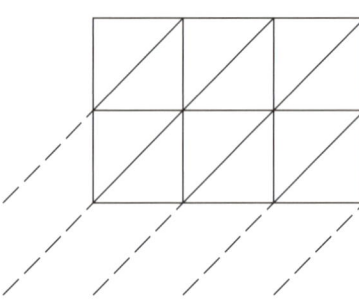 = _____

⑤ 31×853

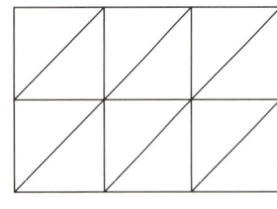  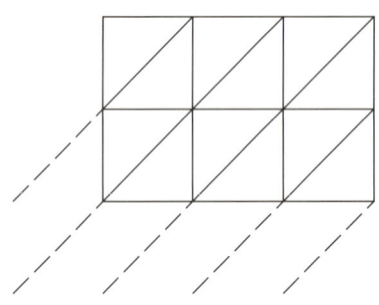 = _____

☞ 正解は40ページにあります。

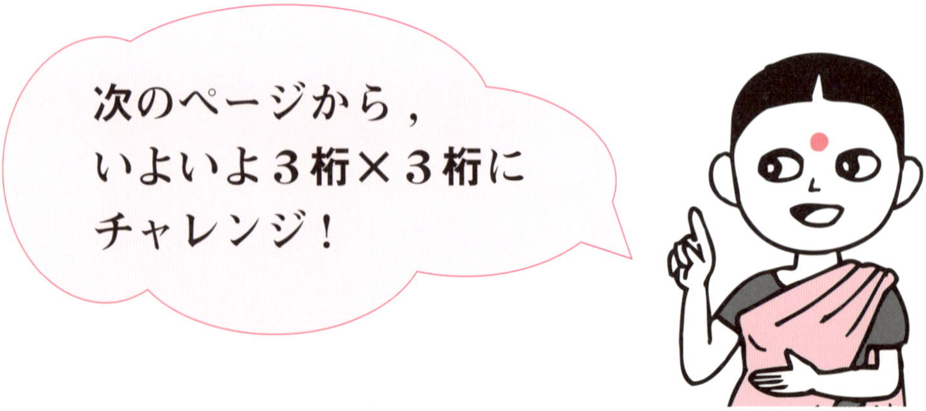

次のページから，いよいよ3桁×3桁にチャレンジ！

第1章 ④ マスを埋めてパズルのように解く

問題3

標準時間 各問 45秒　正答数 ／10

下記のマスに数字を書き込んで，答えを求めてみよう。

① 123×987＝

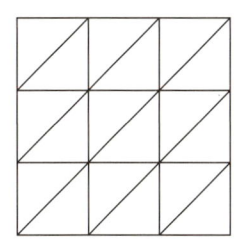

② 234×876＝

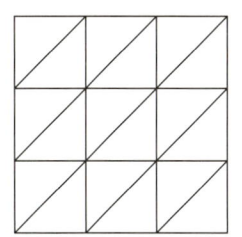

③ 357×753＝

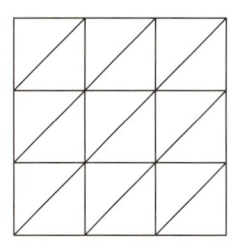

④ 479×642＝

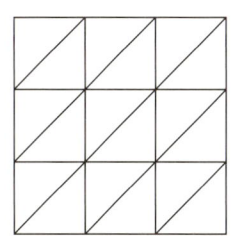

⑤ 442×668＝

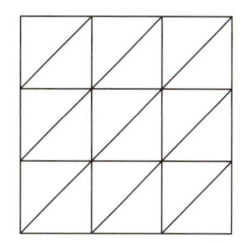

⑥ 313×575＝

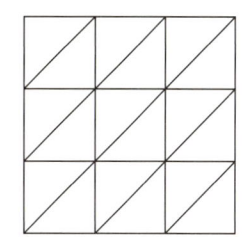

⑦ 808×909＝

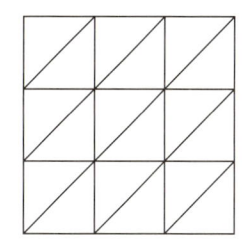

⑧ 738×205＝

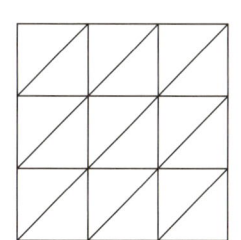

⑨ 579×531=_____ 　　⑩ 274×703=_____

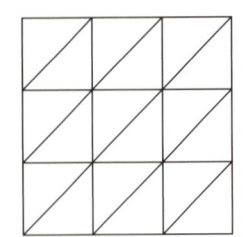

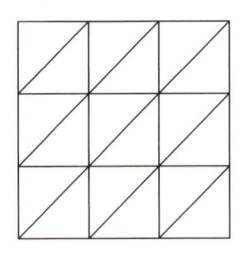

☞正解は40ページにあります。

だんだん，難しくなっていく〜。3桁×4桁にも挑戦，枠も抜きだよ。

問題4

標準時間 各問90秒　正答数 ／15

メモ用紙にマスを描いて，計算してみよう。

① 135×2479=_____

② 246×3579=_____

③ 369×5791=_____

④ 4680×531=_____

⑤ 5689×753=_____

⑥ 7685×135=_____

⑦ 519×8024=_____

⑧ 737×9102=_____

⑨ 907×1305=_____

⑩ 345×2756=_____

⑪ 1358×674=_____

⑫ 4232×837＝＿＿＿＿＿＿＿＿

⑬ 7105×707＝＿＿＿＿＿＿＿＿

⑭ 6931×916＝＿＿＿＿＿＿＿＿

⑮ 119×9191＝＿＿＿＿＿＿＿＿

☞正解は40ページにあります。

仕上げだから，桁数はバラバラ，枠抜き，自分で描いてみよう。

問題5

標準時間 各問 90秒　正答数 ／15

メモ用紙にマスを描いて，計算してみよう。

① 28×4532＝＿＿＿＿＿＿＿＿

② 6573×5673＝＿＿＿＿＿＿＿＿

③ 1819×329＝＿＿＿＿＿＿＿＿

④ 45×391＝＿＿＿＿＿＿＿＿

⑤ 692×7965＝＿＿＿＿＿＿＿＿

⑥ 75×972＝＿＿＿＿＿＿＿＿

⑦ 4183×5309＝＿＿＿＿＿＿＿＿

⑧ 8346×745＝＿＿＿＿＿＿＿＿

⑨ 1101×5737＝＿＿＿＿＿＿＿＿

⑩ 632×48＝＿＿＿＿＿＿＿＿

⑪ 279×3106＝＿＿＿＿＿＿＿＿

⑫ 5241×1905＝＿＿＿＿＿＿＿＿

⑬ 842×678=＿＿＿＿＿＿＿＿＿＿

⑭ 9753×1845=＿＿＿＿＿＿＿＿＿＿

⑮ 1951×2007=＿＿＿＿＿＿＿＿＿＿

☞正解は40ページ（このページの下）にあります。

堂々と道を横切るヒンドゥー教の聖なる白い牛

解 答

問題1
① 1316
② 988
③ 1541
④ 1411

問題2
① 5888
② 30510
③ 37083
④ 27303
⑤ 26443

問題3
① 121401
② 204984
③ 268821
④ 307518
⑤ 295256
⑥ 179975
⑦ 734472
⑧ 151290
⑨ 307449
⑩ 192622

問題4
① 334665
② 880434
③ 2136879
④ 2485080
⑤ 4283817
⑥ 1037475
⑦ 4164456
⑧ 6708174
⑨ 1183635
⑩ 950820
⑪ 915292
⑫ 3542184
⑬ 5023235
⑭ 6348796
⑮ 1093729

問題5
① 126896
② 37288629
③ 598451
④ 17595
⑤ 5511780
⑥ 72900
⑦ 22207547
⑧ 6217770
⑨ 6316437
⑩ 30336
⑪ 866574
⑫ 9984105
⑬ 570876
⑭ 17994285
⑮ 3915657

コラム③　日本とインドの関係

　アジアには，人口13億人の中国と11億人のインドがある。世界の人口は65億だからこの2国だけで，世界の人口の3分の1以上を占めている。

　インドの人口は，毎年1800万人ほど増えており，2030年には15億人となり中国を抜く勢いだ。昨年の暮れにはインド首相の訪日もあり，わが国と急速に交流を深めている。

　古くから日本人の7割以上を占める仏教徒にとっては，お釈迦様の生まれた国として知られている。

　そして，いま注目されているのが，インド人の高いIT技術だ。徐々にではあるが，日本ともこの技術分野の交流がはじまった。しかし，インドのIT企業進出は，アメリカの65％，ヨーロッパの30％に比べ，日本との関係はわずか3％が現状だ。

　これには言葉の壁や商習慣の違いなどが指摘されているが，この壁も徐々に取り払われ，日本のIT企業も，本格的にインド人技術者を採用し始めている。

　インドのIT技術のレベルが高いのは，専門の学校が約400もあることがあげられる。その頂点のインド工科大には定員3400人のところに全国から17万人もの受験生が集まるという。

　「インド工科大を落ちたら，マサチューセッツ工科大へ行くかな」などという話もあるくらい優秀な学生を集めている。

　これまで日本は，お隣の中国との関係を密にして企業の進出もさかんに行ってきたが，ごく最近になってやっとインドとの経済交流にも目を向けはじめた。

　ほかのアジア諸国と比べ，インドとの貿易額は少ないが，それでも日本の自動車やバイク企業は，かなり前から進出しており，スズキは現地法人との合弁会社で，自家用車のシェアが50％に迫る勢い。バイクではホンダが進出しており，1日に1万台，年間で300万台以上生産しているのに，需要に間に合わない状態だという。

　今回，監修者としてお世話になったニヤンタ氏は，日本で2番目にできたインド系のインターナショナル・スクールの代表だが，来年には横浜にもオープン予定だ。働き盛りの20～30代にかけての外国の人々の悩みは子どもの教育だが，その受け皿も整いつつあるようだ。

　インド最大の財閥であるタタ・グループは，電力・製鉄・通信・交通・ホテルなど90以上の企業を傘下にしているが，中でもITには特に力をそそいでいる。ソフト開発のサービス会社タタ・コンサルタンシー・サービシズ（TCS）では，日本の顧客に向けてのソフト開発を行うセンターも立ち上げ，日本語を話す技術者を配備しているという。

タタ・グループが経営する
タージマハル・ホテル（ムンバイ）

5 繰り上がり 分かち書き法

九九と1桁の暗算だけでオーケー，これですよ！

このやり方は，インド式の応用なのだが，じつは著者の発明なのだ。
すこし，解説がいる。なぜなら，右下がりだから。

ドリルの前に，ちょっと，我慢して，日本の算数の復習。

58×47という掛け算，日本の学校ではこう教わる。

(1)
```
        58
    ×   47
        56
        35      →
        32
    +   20
   答え 2726
```

(2)
```
        58
    ×   47
       406    → (56＋350)を暗算
    +  232    → (32＋200)を暗算
  答え 2726
```

掛け算をひとつずつ展開すると，(1)になる。日本の学校では，(2)のように，暗算した合計を書くように教えている。

ところが，インド人は2桁九九を小学校低学年でマスターするくらいだから，

　(1)の10の位は（5＋5＋2＝12）より2で，1つ繰り上がる。
　100の位は繰り上がった1を加えて（1＋3＋3）で7と，暗算ですませてしまう，という。
　だから，上の2桁掛け算が，いきなり，2726なんて正解してしまう。

それでは，日本式暗算さえ苦手だった，そこのあなたのために，考えました。
「繰り上がり分かち書き法」 をマスターすれば，**暗算の苦手な人にも請け合い**。

第1章 ⑤ 繰り上がり分かち書き法

こうすりゃいい，2桁掛け算の，省略筆記法であ〜る。

```
    5 8↑              5 8
×   4 7      →     ×  4 7
─────────          ─────────
    5                3 5
      6                5 6
```

7×8を→方向に　　　　7×5も1桁上げて→方向に
右下がりに書く。　　　右下がりに書く。

```
×                  ×
    3 5              3 5
  3 5 6      →   2 3 5 6
    2                0 2
                  ─────────
                  答え 2 7 2 6
```

4×8も同じく　　　　4×5も1桁上げて
右下がりに書く。　　右下がりに書く。

　1の位，10の位，100の位どおりに，右下がりに分かち書きし，上下を足すと，答えがでるわけだ。
　苦い記憶のあるアナタにも，これなら，バッチシなはずだ。
　インド人は昔から，こんな風に工夫していた，そうだ。

インドの古典的な大道芸、蛇使い。

それでも，うたがい深いあなたのために，3桁の掛け算で試してみよう。

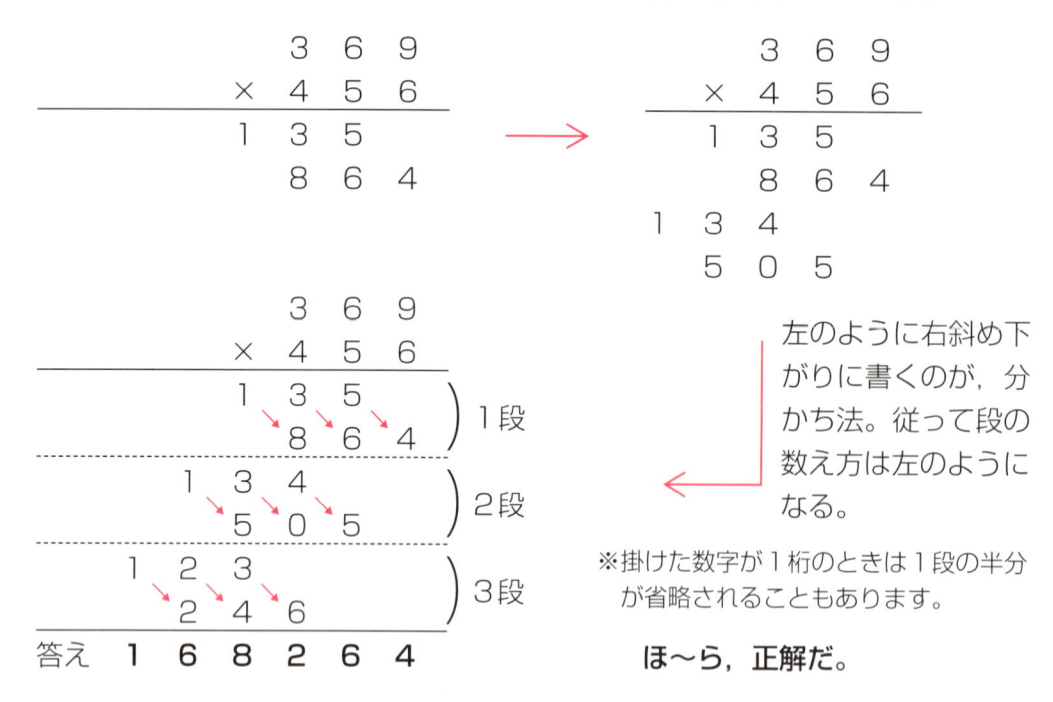

```
      3 6 9              3 6 9
    × 4 5 6            × 4 5 6
    ─────────          ─────────
    1 3 5              1 3 5
        8 6 4              8 6 4
                       1 3 4
                           5 0 5
```

```
        3 6 9
      × 4 5 6
      ─────────
      1 3 5
          8 6 4   ) 1段
      1 3 4
          5 0 5   ) 2段
      1 2 3
          2 4 6   ) 3段
      ─────────
    答え 1 6 8 2 6 4
```

左のように右斜め下がりに書くのが，分かち法。従って段の数え方は左のようになる。

※掛けた数字が1桁のときは1段の半分が省略されることもあります。

ほ〜ら，正解だ。

慣れて，桁さえ間違えなければ，段数を減らすことも可能だ。
3桁×3桁だと，3段に分かれていることに，注意！
2桁×2桁は，2段に分かれている。
さあ〜，やってみよう，インド応用ドリル！
まずは，2桁の掛け算に挑戦。（　　）を埋めてください。

問題1

標準時間 各問 15秒　正答数 ／6

（　）に正しい数を入れて，答えを求めてみよう。

①
```
        2 3
      ×  2 6
      ─────────
      ( ) 1
        ( ) 8
      ( ) 6
      ─────────
  答え(          )
```

②
```
        4 9
      ×  3 7
      ─────────
      ( )( )
        8 3
      ( ) 2
        2 ( )
      ─────────
  答え(          )
```

第1章 5 繰り上がり分かち書き法

③　　　　 7 2
　　×　　 1 5
　―――――――
　　　　3 ( )
　　　　 5 0
　　　( ) 2
　―――――――
答え(　　　　)

④　　　　 2 8
　　×　　 8 2
　―――――――
　　　　　( )
　　　　4 ( )
　　　1 ( )
　　　 ( ) 4
　―――――――
答え(　　　　)

⑤　　　　 9 3
　　×　　 8 5
　―――――――
　　　( ) 1
　　　　( )( )
　　　 7 2
　　　 2 ( )
　―――――――
答え(　　　　)

⑥　　　　 3 3
　　×　　 7 7
　―――――――
　　　( )( )
　　　( )( )
　　　( )( )
　　　( )( )
　―――――――
答え(　　　　)

☞正解は49ページにあります。

ヒンドゥー教徒にとっての聖なる川、ガンジス川で沐浴する人々

45

すっかりのみ込んだなら，2桁＆3桁に挑もう。

問題2

標準時間 各問 25秒　正答数 ／4

(　)に正しい数を入れて，答えを求めてみよう。

①
```
      3 7 5
×     6 8 4
─────────────
    ( )( ) 2
      ( ) 8 0
    ( ) 5 4
      4 ( )( )
    1 ( ) 3
  ( )( )( )
```
答え(　　　　　　)

②
```
      1 5 9
×     4 1 8
─────────────
      ( ) 7
    ( ) 0 ( )
      1 5 9
    ( )( )
    4 ( )( )
```
答え(　　　　　　)

③
```
        2 9
×     3 7 5
─────────────
      ( ) 4
      ( )( )
    ( )( )
    4 ( )
    ( )
    ( )( )
```
答え(　　　　　　)

④
```
      7 1 7
×       5 8
─────────────
    ( )    ( )
    ( ) 8 ( )
    ( )    ( )
  ( )( )( )
```
答え(　　　　　　)

☞正解は49ページにあります。

第1章 5 繰り上がり分かち書き法

問題3

標準時間 各問 30秒　正答数 /2

（　）に正しい数を入れて、答えを求めてみよう。

① 　　　　２　６　９
　× 　　　６　４　７
　　　　（ ）（ ）（ ）
　　　　　（ ）（ ）（ ）
　　　（ ）（ ）（ ）
　　　　（ ）（ ）（ ）
　　（ ）（ ）（ ）
　　　（ ）（ ）（ ）
　答え（　　　　　　　）

> 位取りが正しければ、
> ３桁だって、
> お茶の子さいさい。
> こんどは、
> すべて（　　　）の問題、
> 繰り上がった（　０　）も
> あるからね。

② 　　　　９　３　８
　× 　　　７　４　５
　　　　（ ）（ ）（ ）
　　　　　（ ）（ ）（ ）
　　　（ ）（ ）（ ）
　　　　（ ）（ ）（ ）
　　（ ）（ ）（ ）
　　　（ ）（ ）（ ）
　答え（　　　　　　　）

☞正解は49ページにあります。

仕上げは，(　　)も抜き，じぶんで展開してね。

問題4

標準時間 各問30秒　正答数 ／15

メモ用紙を用意して，答えを求めてみよう。

① 319×546＝＿＿＿＿＿＿＿＿

② 727×119＝＿＿＿＿＿＿＿＿

③ 678×358＝＿＿＿＿＿＿＿＿

④ 59×259＝＿＿＿＿＿＿＿＿

⑤ 487×72＝＿＿＿＿＿＿＿＿

⑥ 38×794＝＿＿＿＿＿＿＿＿

⑦ 393×474＝＿＿＿＿＿＿＿＿

⑧ 647×989＝＿＿＿＿＿＿＿＿

⑨ 915×393＝＿＿＿＿＿＿＿＿

⑩ 385×628＝＿＿＿＿＿＿＿＿

⑪ 173×222＝＿＿＿＿＿＿＿＿

⑫ 306×909＝＿＿＿＿＿＿＿＿

⑬ 25×605＝＿＿＿＿＿＿＿＿

⑭ 29×503＝＿＿＿＿＿＿＿＿

⑮ 704×567＝＿＿＿＿＿＿＿＿

☞正解は49ページにあります。

第1章 5 繰り上がり分かち書き法

インドの人たちの生活に欠かせない豊富な香辛料が並ぶ市場

解答

（　）を埋める問いの答えは，左から右，ついで下の段へ。

問題1
① 1, 2, 4, 598
② 2, 6, 1, 7, 1813
③ 1, 7, 1080
④ 1, 6, 6, 6, 2296
⑤ 4, 5, 5, 4, 7905
⑥ 2, 2, 1, 1, 2, 2, 1, 1, 2541

問題2
① 1, 2, 2, 2, 6, 0, 4, 8, 2, 0, 256500
② 4, 8, 2, 2, 3, 0, 6, 66462
③ 1, 0, 5, 1, 6, 3, 2, 6, 7, 10875
④ 5, 5, 6, 6, 3, 3, 5, 5, 5, 41586

問題3
① 1, 4, 6, 4, 2, 3, 0, 2, 3
　 8, 4, 6, 1, 3, 5, 2, 6, 4, 174043
② 4, 1, 4, 5, 5, 0, 3, 1, 3
　 6, 2, 2, 6, 2, 5, 3, 1, 6, 698810

問題4
① 174174　　⑥ 30172　　⑪ 38406
② 86513　　⑦ 186282　　⑫ 278154
③ 242724　　⑧ 639883　　⑬ 15125
④ 15281　　⑨ 359595　　⑭ 14587
⑤ 35064　　⑩ 241780　　⑮ 399168

49

6 10台の掛け算なら おまかせあれ

手品じゃないか，だって，インドはマジシャン？

10台に限るけど，めっちゃ，おもしろい計算法を紹介しよう。
目からウロコの驚きの連続，だって，3つもあるんだもん！

足して10倍，掛けて足す，はい，できあがり

17×15はこうする

---

① まず，はじめの17と2番目の1の位を合計して，10倍する。
　(17＋5)×10＝220
② つぎに，1の位の数を掛ける。
　7×5＝35
③ このふたつを足し算すると，255

はい，正解。たった，これだけなのだ。
びっくりしたなあ，もう！
ほかには使えないんじゃない？なんて疑い深い人もいるだろう。

13×19なら

① (13＋9)×10＝220
② 3×9＝27
③ 合計すると，247

> 10台限定で81通りだけだよ。

なにせ，10台限定だから，ドリルで練習するのみ。
9×9＝81通りしかない。全部，やってみようか？

いざ，実際にやってみると，うろ覚えってことも多い。
急がず，これまでどおり，手順を踏んでマスター。

第1章 ⑥ 10台の掛け算ならおまかせあれ

問題1

標準時間 各問 10秒　正答数 ／5

a，b，c，d，e に当てはまる数と，答えを求めてみよう。

① $11×19=(11+a)×b+(1×c)=$ _____

② $18×12=(a+b)×10+(c×d)=$ _____

③ $17×15=(a+5)×b+(c×5)=$ _____

④ $19×19=(19+a)×10+(b×c)=$ _____

⑤ $16×13=(a+b)×c+(d×e)=$ _____

☞正解は55ページにあります。

問題2

標準時間 各問 10秒　正答数 ／14

メモ用紙を用意して，答えを求めてみよう。

① $14×18=$ _____　　⑧ $11×18=$ _____

② $15×14=$ _____　　⑨ $18×16=$ _____

③ $18×18=$ _____　　⑩ $14×15=$ _____

④ $12×13=$ _____　　⑪ $13×16=$ _____

⑤ $16×14=$ _____　　⑫ $12×17=$ _____

⑥ $15×19=$ _____　　⑬ $19×11=$ _____

⑦ $14×11=$ _____　　⑭ $18×12=$ _____

☞正解は55ページにあります。

〈11の掛け算だけに使える方法〉

11×48 の場合

> ① まず，2番目の48を引き裂いて，3桁の数408にする。
> ② つぎに，2番目の数48を，また引き裂いて，足し算，そして10倍。
> つまり，(4+8)×10＝120
> ③ これを足せば，528，これが答えだ。

えっ，おどろいた？

もう一例，

11×85 なら

① 85を引き裂いて，3桁の数，805にする。
② つぎに，85を引き裂いて足し算，そして10倍すると
(8+5)×10＝130
③ 以上を合計すると，**935**，ハイ，正解。

使えるな～！

でも，これって，原理はカンタンだ。
ふつうの式で，計算するとすぐわかる。ただ，11を後ろの数字にする。

```
       85
   ×   11
       85
      85
 答え 935
```

解説は，いらないよね。
では，ドリルをやってみよう。

問題3

標準時間 各問 8秒　正答数 ／10

（　）に当てはまる数を入れて，答えを求めてみよう。

① 11×23=(　)+(　)×10=_____
② 11×78=(　)+(　)×10=_____
③ 11×94=(　)+(　)×10=_____
④ 11×69=(　)+(　)×10=_____
⑤ 11×52=(　)+(　)×10=_____
⑥ 11×37=(　)+(　)×10=_____
⑦ 11×99=(　)+(　)×10=_____
⑧ 11×41=(　)+(　)×10=_____
⑨ 11×84=(　)+(　)×10=_____
⑩ 11×27=(　)+(　)×10=_____

☞正解は55ページにあります。

世界最高峰のエベレスト山をはじめ、8,000m級の山々がそびえ立つヒマラヤ山脈

問題4

標準時間 各問 10秒
正答数 ／5

すべて暗算で答えを求めてみよう。

① $11 \times 81 =$ _____

② $11 \times 38 =$ _____

③ $11 \times 49 =$ _____

④ $11 \times 17 =$ _____

⑤ $11 \times 67 =$ _____

☞ 正解は55ページにあります。

〈3番目は，9の掛け算のマジック〉
　なぜなら，紙も鉛筆も，いらないから。
　インドだから，紅茶タイム，のようなもの。

　これは，**手のひら**を使います。左右どちらでも，オーケー。

　9×2なら，右手（左）を顔の方に向けて，左（右）から2番目の指を折る。
　これで，もう答えになっています。**指の形**がね。

　つまり，左から折った薬指までが，10の位を表す。
　　　　小指が残っているから，10
　　　　折った薬指は5を，
　　　　その右側の指の本数が1の位を表す。
　　　　つまり，8
　　　　答えは，18

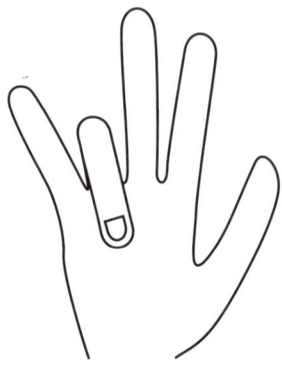

第1章 ⑥ 10台の掛け算ならおまかせあれ

9×3なら，左から三番目の中指を折る。
　　10の位は，20
　　1の位は，7
　　答えは，**27**

う〜ん
なるほど！

解　答

問題1
① a＝9，b＝10，c＝9　　　　　　　　答え…209
② a＝18，b＝2，c＝8，d＝2　　　　　答え…216
③ a＝17，b＝10，c＝7　　　　　　　 答え…255
④ a＝9，b＝9，c＝9　　　　　　　　 答え…361
⑤ a＝16，b＝3，c＝10，d＝6，e＝3　答え…208

問題2
① 252　　⑧ 198
② 210　　⑨ 288
③ 324　　⑩ 210
④ 156　　⑪ 208
⑤ 224　　⑫ 204
⑥ 285　　⑬ 209
⑦ 154　　⑭ 216

問題3
① 203, 5, 253
② 708, 15, 858
③ 904, 13, 1034
④ 609, 15, 759
⑤ 502, 7, 572
⑥ 307, 10, 407
⑦ 909, 18, 1089
⑧ 401, 5, 451
⑨ 804, 12, 924
⑩ 207, 9, 297

問題4
① 891　② 418　③ 539　④ 187　⑤ 737

7 線を引けば答えがでる

ガンジス川の砂浜，悠久の発想を楽しむ

線なら，面積よりも，カンタン。でも，ほんとう？
それが，ほんとう，なのだ。
ただし，せっかちな人には向かない。発想がユニークなのだ。

21×12の掛け算は，こういうふうに線を引く。

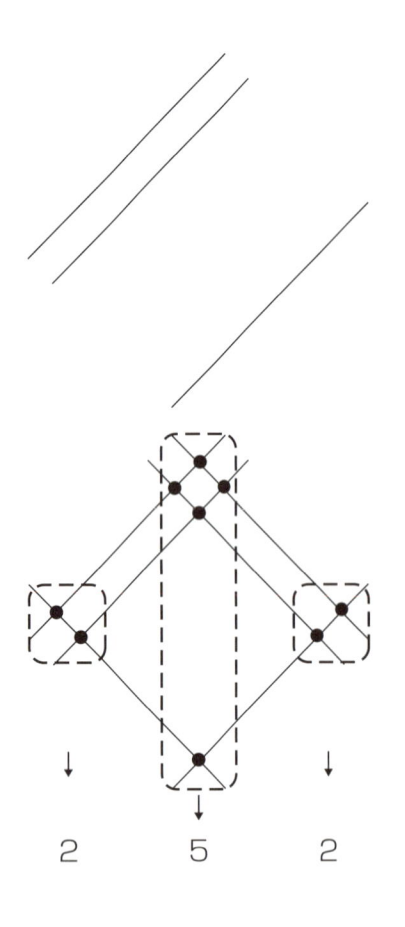

21は，斜め上方向に2本，スペースを空けて，その下に1本の線を引く。

12は，左から斜め下方向に1本，スペースを空けて，斜め右上に2本の線を引く。

左図のように，ひし形の線の交差ができた。

答えは，その交点の数だ。

ひし形の，左，中，右の交点の数，252，が答え。

あんまり，ずぼらな線を引くと数えるのが，たいへんだよ。

タネ明かしすると，不思議でもなんでもない。

3本線と，3本線が交わったら，交点は，3×3＝9個。
21×12＝252という答えは，交点の数を表している。

ポイントは，21の，2本線は10の位，1本線は1の位。
　　　　　12の，1本線も10の位，2本線は1の位。
　　　　　ということなんだ。

なんだ，とお思いならば，ふつうの計算をすればいい。

```
        2 1
   ×    1 2
        4 2
      2 1
答え  2 5 2
```

2段目の，2，(4＋1)，2が
ひし形の交点になっているわけ。
真ん中の交点は，上が4，下が1と
ただしく，分かれているね。

> きちんと描かないと，数えにくい。
> 線の**本数**が増え，複雑になったら，
> どうしよう！

こんどは，すこし，**本数が多い計算**をやってみよう。

２３×１４＝？

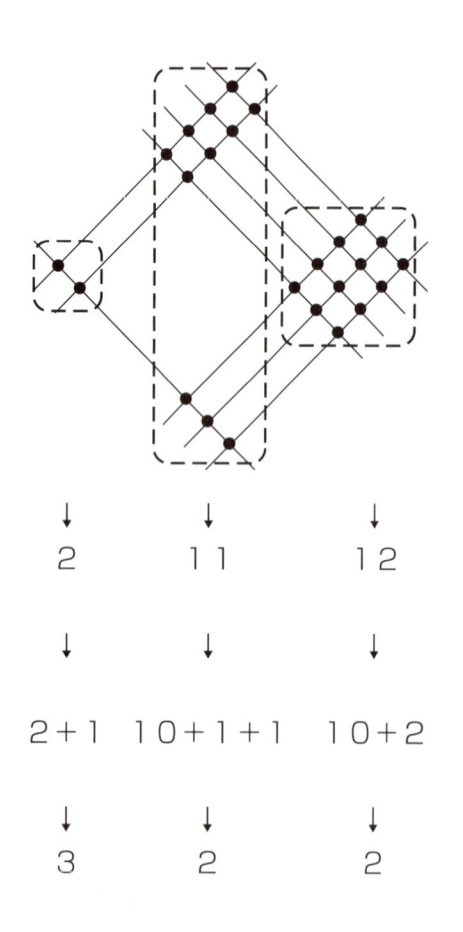

左上から，２本，スペース，３本

左下から，１本，スペース，４本

交点を数えると，左から２，中が１１
右が１２。あれ，おかしいな〜。

そう，１０を超えたら，つぎに繰り上がる。

↓　　　↓　　　↓
２　　１１　　１２

↓　　　↓　　　↓
２＋１　１０＋１＋１　１０＋２

↓　　　↓　　　↓
３　　　２　　　２

> 線引き法も，右から左に数える。
> 繰り上がったら，つぎの位に足す。

右は１２だから，２
中は１１だけど，右から１繰り上がっているから１２で２
左は２に，繰り上がりの１を足して３
答えは３２２

> これなら掛け算も，
> 足し算だけでできるということね。
> 線の交点が，そのまま掛け算の
> 答えになっているなんて不思議。
> 桁数が多くなると
> 大変そうですね。

2桁の計算はできた。じゃあ，**3桁を超える掛け算**はできるか？

複雑になるけれど，これも可能だ。
　ポイントは，3桁の場合も，100の位，10の位，1の位ごとに，線を描き分ける点をわすれないこと。

213×312＝66456

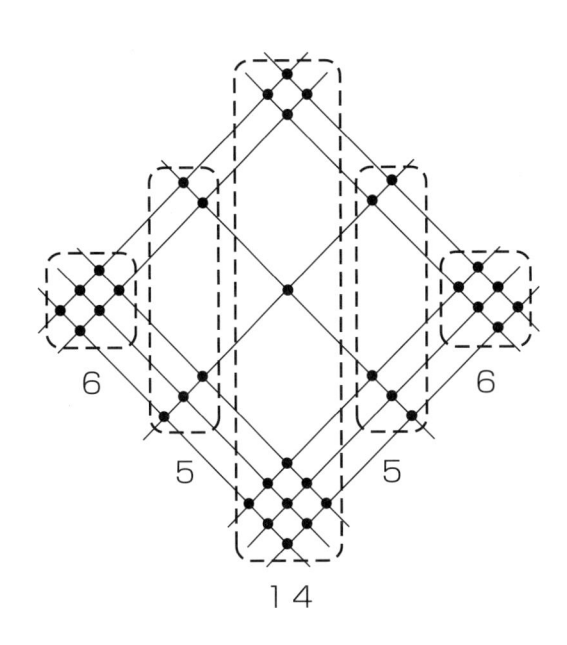

左上から，2本，1本，3本

左下から，3本，1本，2本

しっかり，ひし形を描かないと，こんがらがる。

右から整頓していくと，**66456**

お見事，正解で～す。

3桁を超える掛け算にも使えることが，証明された。

シンプルだけど，いいアイデアだな～，と感心したろう？

では，お決まりのドリルで，脳をきたえよう。

とはいうものの，線引き法の問題は，立て方がむずかしい。
ひし形が正しく描ければいい，というわけじゃないからね。

問題 1

標準時間 各問 30秒　正答数 /8

メモ用紙を用意し，線引き法のひし形を描いて，答えを求めてみよう。

① 11×22＝

② 13×32＝

③ 23×45＝

④ 31×25＝

⑤ 41×21＝

⑥ 32×20＝

⑦ 12×33＝

⑧ 42×24＝

☞正解は63ページにあります。

第1章 7 線を引けば答えがでる

問題2

標準時間 各問 25秒
正答数 　／5

つぎのひし形を，計算式に直して，答えを求めてみよう。

①

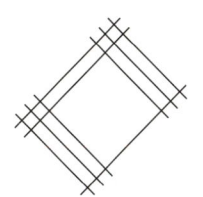

②

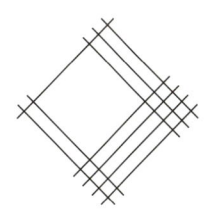

③

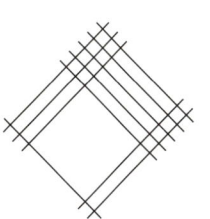

④

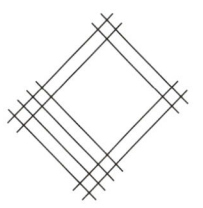

⑤

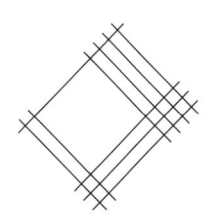

☞正解は63ページにあります。

61

問題3

標準時間 各問 60秒
正答数 /4

つぎのひし形を，計算式に直して，答えを求めてみよう。

①

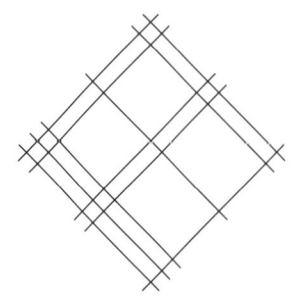

②

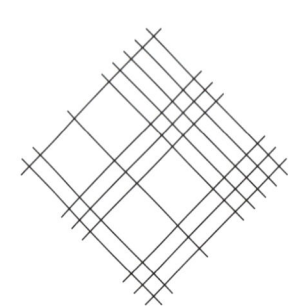

③

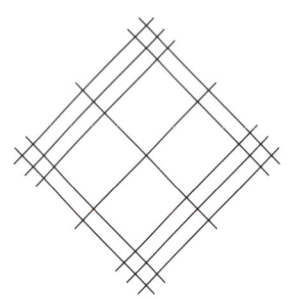

④

☞正解は63ページにあります。

解 答

問題1

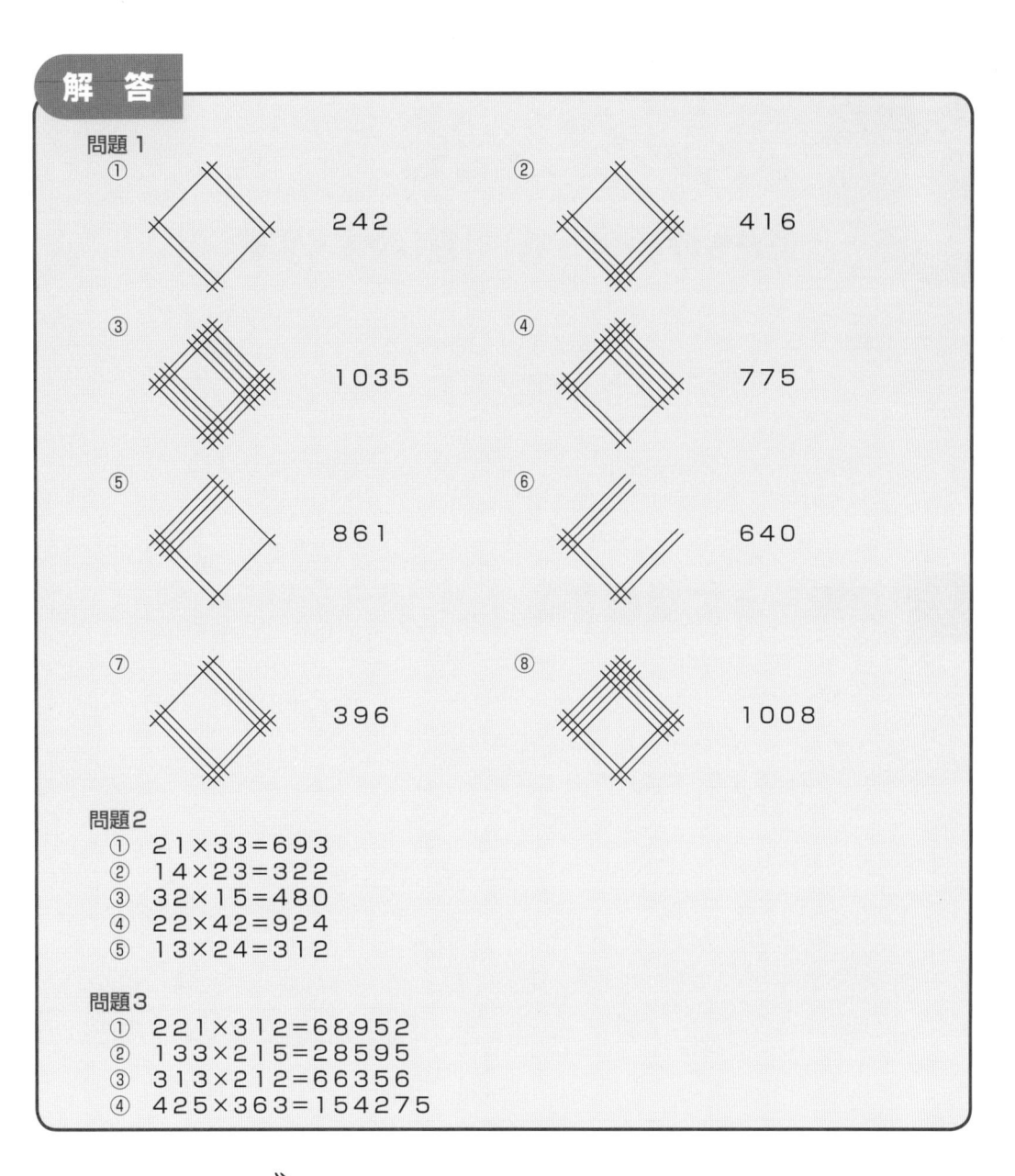

① 242
② 416
③ 1035
④ 775
⑤ 861
⑥ 640
⑦ 396
⑧ 1008

問題2
① 21×33＝693
② 14×23＝322
③ 32×15＝480
④ 22×42＝924
⑤ 13×24＝312

問題3
① 221×312＝68952
② 133×215＝28595
③ 313×212＝66356
④ 425×363＝154275

インドの町並み

8 因数に分解してカンタンに

似たものでくくって，計算しやすくする

因数分解って，インド式？　なんて聞くなかれ。
共通項でくくって，計算しやすくする知恵のこと。

インド人が2桁九九を必ずしも，すべて暗記しているわけじゃない。
メソッドがある。2乗を使うので～す。

1　2乗－aに変換する

　11×11＝121，15×15＝225，　33×33＝1089
というような，2乗のものは，問答無用で暗記している。
これを，利用しない手はない。

17×13を例に，考えてみよう。

このふたつの数の，中間の数字は15。これをベースに，
17は，15＋2　13は，15－2　に換えて，計算しやすくする。

$$17 \times 13 = (15+2)(15-2) = 15^2 - 4$$
$$= 225 - 4$$
$$= 221$$

もうひとつ**26×22**で考えてみよう。

$$26 \times 22 = (24+2)(24-2) = 24^2 - 4$$
$$= 576 - 4$$
$$= 572$$

> **ヒント**　ふたつの数の差が偶数！

第1章 ⑧ 因数に分解してカンタンに

問題1

標準時間 各問30秒　正答数 ／12

つぎの掛け算を，2乗を利用した式に変換して，答えを求めてみよう。

① 18×22＝

② 27×23＝

③ 36×24＝

④ 58×62＝

⑤ 47×63＝

⑥ 84×76＝

⑦ 63×57＝

⑧ 93×87＝

⑨ 39×41＝

⑩ 29×21＝

⑪ 65×55＝

⑫ 34×26＝

☞正解は70ページにあります。

こんな，やり方，学校では，勉強しなかったよね。でも，2乗って使い方は便利でしょう。

65

2 ふたつの数の中間くらいの2乗を利用する

57×38 を考えてみよう。

5と3の中間は4だから，40を使って書き換えると，

$$(40+17)\times(40-2)=40^2+40\times(17-2)-17\times2$$
$$=1600+600-34$$
$$=2166$$

もう1問，片付けてみよう。

73×48

7と4の中間を5として，50を使って書き換えると，

$$(50+23)\times(50-2)=50^2+50\times(23-2)-23\times2$$
$$=2500+1050-46$$
$$=3550-46$$
$$=3504$$

ヒント 計算しやすい中間の数に的をしぼる！

ニューデリーのホテル

第1章 ⑧ 因数に分解してカンタンに

問題2

標準時間 各問 20秒　正答数 ／12

つぎの掛け算を，2乗を利用した式に変換して，答えを求めてみよう。

① 27×49＝_____

② 32×57＝_____

③ 41×65＝_____

④ 54×77＝_____

⑤ 63×87＝_____

⑥ 72×99＝_____

⑦ 85×66＝_____

⑧ 98×74＝_____

⑨ 38×59＝_____

⑩ 55×37＝_____

⑪ 24×44＝_____

⑫ 79×52＝_____

☞正解は70ページにあります。

だんだん，むずかしくなってきたけど，まだまだ，**平気**だよね。

67

3 小さい方の数の２乗を利用する

６３×５５ の場合，５５の２乗を使って書き直すと，

(５５＋８)×５５＝５５^2＋(５５×８)
　　　　　　＝３０２５＋４４０
　　　　　　＝３４６５

１９×１５ の場合，１５を使うと，

(１５＋４)×１５＝１５^2＋(１５×４)
　　　　　　＝２２５＋６０
　　　　　　＝２８５

ヒント 差が小さいときの方が，便利だ！

問題３

標準時間 各問 １０秒　　正答数 ／６

つぎの掛け算を，小さい数の２乗を使って書き換え，答えを求めてみよう。

① ２３×２２＝＿＿＿＿＿＿＿＿＿＿＿＿＿＿＿

② １９×１１＝＿＿＿＿＿＿＿＿＿＿＿＿＿＿＿

③ ３７×３５＝＿＿＿＿＿＿＿＿＿＿＿＿＿＿＿

④ ２５×３１＝＿＿＿＿＿＿＿＿＿＿＿＿＿＿＿

⑤ ３３×４２＝＿＿＿＿＿＿＿＿＿＿＿＿＿＿＿

⑥ ２２×１２＝＿＿＿＿＿＿＿＿＿＿＿＿＿＿＿

☞ 正解は７０ページにあります。

4 計算しやすい数に分解する

2乗じゃないが，掛けやすい数に分解するから，仲間うちだね。

> 掛けやすい，というのは，4×25＝100のような，ヤツだ。

48×26 は

(40＋8)(25＋1)＝40(25＋1)＋8(25＋1)
　　　　　　　＝1040＋208
　　　　　　　＝1248

> 単純だけど，見つけ出すすばやさが，ポイント！

問題4

標準時間 各問 20秒　　正答数 ／7

計算しやすい数に分解して書き換え，答えを求めてみよう。

① 28×41＝

② 33×39＝

③ 18×67＝

④ 44×27＝

⑤ 54×29＝

⑥ 83×26＝

⑦ 77×47＝

☞正解は70ページにあります。

解答 標準的な解答例

問題1
① $18×22=(20-2)(20+2)=20^2-4=396$
② $27×23=(25+2)(25-2)=25^2-4=621$
③ $36×24=(30+6)(30-6)=30^2-36=864$
④ $58×62=(60-2)(60+2)=60^2-4=3596$
⑤ $47×63=(55-8)(55+8)=55^2-64=2961$
⑥ $84×76=(80+4)(80-4)=80^2-16=6384$
⑦ $63×57=(60+3)(60-3)=60^2-9=3591$
⑧ $93×87=(90+3)(90-3)=90^2-9=8091$
⑨ $39×41=(40-1)(40+1)=40^2-1=1599$
⑩ $29×21=(25+4)(25-4)=25^2-16=609$
⑪ $65×55=(60+5)(60-5)=60^2-25=3575$
⑫ $34×26=(30+4)(30-4)=30^2-16=884$

問題2
① $(30-3)(30+19)=900+480-57=1323$
② $(40-8)(40+17)=1600+360-136=1824$
③ $(50-9)(50+15)=2500+300-135=2665$
④ $(60-6)(60+17)=3600+660-102=4158$
⑤ $(70-7)(70+17)=4900+700-119=5481$
⑥ $(80-8)(80+19)=6400+880-152=7128$
⑦ $(70+15)(70-4)=4900+770-60=5610$
⑧ $(80+18)(80-6)=6400+960-108=7252$
⑨ $(40-2)(40+19)=1600+680-38=2242$
⑩ $(40+15)(40-3)=1600+480-45=2035$
⑪ $(30-6)(30+14)=900+240-84=1056$
⑫ $(60+19)(60-8)=3600+660-152=4108$

問題3
① $(22+1)×22=484+22=506$
② $(11+8)×11=121+88=209$
③ $(35+2)×35=1225+70=1295$
④ $25×(25+6)=625+150=775$
⑤ $33×(33+9)=1089+297=1386$
⑥ $(12+10)×12=144+120=264$

問題4
① $(25+3)(40+1)=1000+145+3=1148$
② $(30+3)(30+9)=900+360+27=1287$
③ $(15+3)(60+7)=900+285+21=1206$
④ $(40+4)(25+2)=1000+180+8=1188$
⑤ $(50+4)(25+4)=1250+300+16=1566$
⑥ $(80+3)(25+1)=2000+155+3=2158$
⑦ $(75+2)(40+7)=3000+605+14=3619$

インド半島の大部分を占めるデカン高原

コラム④　インドは世界最大の民主主義国で映画王国

　妙な勘をたよりに，民主主義と映画には，関係があるんじゃないか，と思った。映画をつくるというだけでは，一昔前の社会主義国のプロパガンダ映画の例もあるから，あてにならない。プロパガンダが目的なら，あんまり多すぎると，不統一になって，失敗するに決まっている。製作本数はしぼられるはずだ。製作本数が多いということは，自由な社会である可能性が高い。自由な社会なら，民主主義国であるだろう。

　そういうアバウトな予測で，インドを考えてみたい。インドの映画数が世界で一番，ということはなにかの記事を読んで知っていたが，具体的に何本かは知らなかった。で，おどろいた。2003年のデータで877本製作されている。ならせば，1日当たり2.4本じゃないか。1本の映画をつくるには，大勢のスタッフが必要だ。大雑把な言い方をするなら，映画の製作チームが，インドには877組ある計算なのだ。まさか，製作チームが1年1本というわけはないから，4本平均にしたって，220チームは必要になる。

　映画の製作というのは，憶測で言うのだけれど，プロデューサー，監督，助監督，カメラ，音響，美術スタッフなどなど，それに俳優たちが，ゴール目指して統一されて動くことが求められる。ソフトコンテンツの場合，スタートから完成までの時間が決まっているプロジェクトである。

　ゴール目指してクランクイン，一丸となってフィニッシュまでの間，みんなが目的を共有することが，プロジェクト成功の必須条件だろう。自分勝手な利害がでしゃばるようでは，完成はおぼつかない。何カ月か，半年か，ある未来の時まで協力し合うことができる，そういう精神の土台がいる。800本を超える映画を，年々つくり続けるというのは，並大抵なことじゃない。

　映画といえばハリウッド。アメリカはどうか。490本。衰退からアニメで巻き返しの日本は，310本。けっこう日本もがんばっている。でも，観客動員数となると，インドの足元にもおよばない。なにせ，2004年の観客動員数が27億人だそうである。27億人が見るには，映画館の数も半端じゃないだろう。

　民主主義をおき忘れるところだった。公平な選挙で代表を選ぶ制度。人口13億の中国，11億のインド，3億のアメリカから，1.27億の日本，1億のメキシコまで，1億を超える国は11カ国ある。民主主義国はいくつあるか。この中で，民主主義が定着している国は，じつは少ない。その稀有な例が，映画製作数世界一のインドなのだ。おなじように映画産業が盛んなアメリカと日本も，民主主義の歴史が長く人口も多い。

　映画，広げていえば，ソフトコンテンツは，多様性を認める社会でないと成功しないし，いい作品も生まれない，のではないか。

9 ニヤンタ・デシュパンデさんに教わった、とっておきのやり方

遊び感覚で，数をたのしみ，自然に覚えちゃう！

１ あいだに，ゼロがはさまると……いや……これは２乗算だ！

　ニヤンタさんは，耳を傾けつつ，ぼくの取材メモの裏に１０４×１０４と書き，シャッターが降りるように，すらすらと答えを出した。

```
        104
    ×   104
        10816
```

小数点以下を示す４の右側に，そのままポンと１６，１の位の下に８，その左に１０と入れたのだ。

　えっ？　あれっ？　どういうこっちゃ？　ニヤンタさんは，にやっとして，もう１問解いてくれ，ようやく，わかった。

　ニヤンタさんは暗算して，こう解いたのだった！

> 　　　04×04＝16
> 　　　(04+04)×100＝800
> 　　　100×100＝10000
> 　　　合計　10816

　１１５×１１５なら，１５×１５＝２２５（暗算ね）
　　　　　　　　　　（１５＋１５）×１００＝３０００
　　　　　　　　　　１００×１００＝１００００
　　　　　　　　　　答えは，１３２２５

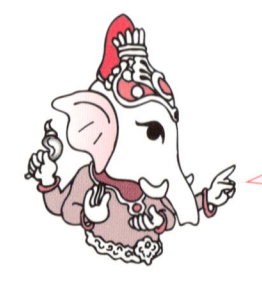

わがインドのすぐれた計算法を，日本の人たちにも教えてあげてね。

第1章 ⑨ ニヤンタ・デシュパンデさんに教わった、とっておきのやり方

このやり方が、スグレモノなのは、4桁以上でもオーケーなところ。
ただし、足し算に掛ける倍数は、1000だ。

1015×1015なら、15×15＝225
　　　　　　　（015＋015）×1000＝30000
　　　　　　　1000×1000＝1000000
　　　　　答えは、1030225

わかったかな？　位取りをまちがえると、失敗するから、要注意！

2桁九九を暗記していないと、ニヤンタさんのようには、うまくいかない。

問題1

標準時間 各問15秒　　正答数 ／10

ずるしないで、このやり方で、答えを求めてみよう。

① 103×103＝

② 105×105＝

③ 112×112＝

④ 122×122＝

⑤ 125×125＝

⑥ 1005×1005＝

⑦ 1015×1015＝

⑧ 1033×1033＝

⑨ 1025×1025＝

⑩ 1012×1012＝

☞正解は81ページにあります。

2 因数分解, のような感じ？

つづいて, ニャンタさんは, こう書いた。

$$-1 \underset{11}{\overset{10 \times 12}{\frown}} +1$$

$$(11 \times 11) - 1 \times 1 = 121 - 1 = 120$$

ニャンタさんは, こう解いたのだ。

10と12の間の数11に注目する。
12はそれより1多いから, ＋1
10はそれより1少ないから, －1
11の2乗に, (＋1)×(－1)＝－1を足す。

わかったかな？もう一問, 解いてみよう。

$$-2 \underset{11}{\overset{9 \times 13}{\frown}} +2$$

$$(11 \times 11) - 2 \times 2 = 121 - 4 = 117$$

もっと大きい数の場合は, どうだろうか。

47×53をやってみよう。中間は, たぶん50だろう。

$$-3 \underset{50}{\overset{47 \times 53}{\frown}} +3$$

$$(50 \times 50) - 3 \times 3 = 2500 - 9$$
$$= 2491$$

these も，みごとに正解。念には念をいれて，もう1問。
36×51なら，どうだ。中間は40で，いいかな？

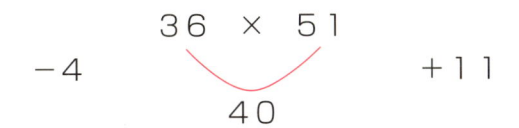

$$\begin{array}{c} 36 \times 51 \\ -4 \qquad\qquad +11 \\ 40 \end{array}$$

$$(40 \times 40) - 4 \times 11 = 1600 - 44$$
$$= 1556$$

大失敗！　正解は1836だから。

> **キーポイント！**
>
> 左右の数の差が偶数のときだけ，使える。
> 問題づくりが，脳をきたえる！

インドの伝統的な住居

問題2

標準時間 各問 10秒　　正答数 ／12

ニヤンタさんの方法で，答えを求めてみよう。

① 18×22＝
② 12×18＝
③ 24×36＝
④ 41×49＝
⑤ 37×43＝
⑥ 82×98＝
⑦ 63×73＝
⑧ 77×83＝
⑨ 56×64＝
⑩ 44×56＝
⑪ 66×74＝
⑫ 245×255＝

☞正解は81ページにあります。

> ぜんぶ差が偶数のようだから，解けちゃうよね！

3　10に対する，プラスマイナスを出して計算する

12×7は，日本の九九を知っていれば，むずかしくない。
ここで，ひとつ捻るのが，インド数学。ニヤンタさんは，こう書いた。

```
      12        2
    ×  7       -3
```

10との差を右側に書き，ニコッと微笑むと，こんどは，対角どうしで足し算し，「ほら，いずれも9だから，10の位は9で，1の位は2×(－3)＝－6だから，答えは，90－6＝**84**になります」と言った。

う～ん，絶句。ほんとうだ。

8×9なら，10との差はそれぞれ－2と－1だから，対角どうしの足し算は8－1と9－2で，いずれも7になり，10の位は7，1の位は(－2)×(－1)＝2。
答えは，70＋2＝**72**

もっと大きな数の場合はどうか。

```
      42       +2  )
    × 37       -3      40との差だ。
```

10の位は，42－3＝39，37＋2＝39。
40が基準だから39×40＝1560
1の位は，2×(－3)＝－6
答えは，1560－6＝**1554**　これも正しい。

さらに大きい，3桁以上の掛け算は？
混乱しないように，きちんと書いてみよう。

```
      290      -10  )
    × 285      -15       300との差だ。
```

10以下は，(－10)×(－15)＝150
100の位は，290－15，285－10だから，275。

300が基準だから，300×275＝82500
答えは，82500＋150＝**82650**
もう十分だね。さあ，ドリルにチャレンジ。

問題3

標準時間 各問 10秒　正答数 ／6

前ページのやり方で，答えを求めてみよう。

① 26×31＝

② 39×41＝

③ 57×63＝

④ 185×215＝

⑤ 315×285＝

⑥ 485×525＝

☞正解は81ページにあります。

いろいろな解き方があるんだな。

4 　1＋2＋3＋〜アルファを計算する

　ここら辺で，と思ったら，ニヤンタさんは意に介さず，連続する数の足し算を書き出すと，終わりから2つの数に下線を引き，＋を×に変えて2で割った。
「はい，合計が，こうするとカンタンに出ます」
　ここまでくると，教えてくださってありがとうございました，である。

　最後の2つを掛け算して2で割る。ただ，最後の数までじゃなく，そのひとつ前の数までの合計，という点がミソ。

　1＋2＋3＋4＋5＋6なら，（5×6）÷2＝15が，5までの合計。

　1＋2＋3＋〜＋100＋101なら，（100×101）÷2＝5050
100までの合計だ。

> こういうメソッドは，
> 知ってしまえばカンタンなことだけど，
> まだ，ちゃんとまとまった
> **インド数学の邦訳本**ってないでしょうね。
> これを機会に広く知っていただきたいな〜。

　検算がやっかいだから，ドリルの前に，お助けデータ。

　1＋2＋3＋〜＋10＝55
　11＋12＋13＋〜＋20＝155
　21＋22＋23＋〜＋30＝255
　31＋32＋33＋〜＋40＝355
　41＋42＋43＋〜＋50＝455
　51＋52＋53＋〜＋60＝555

　以下，この繰り返しだから，この先はカンベン。
　ただ，お助けデータの数の合計は，このやり方ではペケ。
　あくまで，1から連続した場合に有効なことを忘れないでね。

いともカンタン，されど，たいへんな検算。

問題4

標準時間 各問 **5秒**　正答数 ／10

前ページのやり方で，答えを求めてみよう。

① 1＋2＋3＋〜＋24＝＿＿＿＿＿＿＿＿

② 1＋2＋3＋〜＋38＝＿＿＿＿＿＿＿＿

③ 1＋2＋3＋〜＋18＝＿＿＿＿＿＿＿＿

④ 1＋2＋3＋〜＋44＝＿＿＿＿＿＿＿＿

⑤ 1＋2＋3＋〜＋57＝＿＿＿＿＿＿＿＿

⑥ 1＋2＋3＋〜＋66＝＿＿＿＿＿＿＿＿

⑦ 1＋2＋3＋〜＋73＝＿＿＿＿＿＿＿＿

⑧ 1＋2＋3＋〜＋85＝＿＿＿＿＿＿＿＿

⑨ 1＋2＋3＋〜＋99＝＿＿＿＿＿＿＿＿

⑩ 1＋2＋3＋〜＋125＝＿＿＿＿＿＿＿＿

☞正解は81ページにあります。

ブッダガヤの仏教遺跡。インドは仏教がおこった地域で、各地に仏教の遺跡がある

第1章 9 ニヤンタ・デシュパンデさんに教わった，とっておきのやり方

コラム⑤　もう一つの宝石 タージ・マハル

　インドを代表する建築，世界遺産のタージ・マハル。紺碧の空をバックに，白大理石が光り輝く姿は，だれもが知っている。

　ムガール帝国第五代皇帝シャー・ジャハーンが，妃ムムターズ・マハルの死を悲しんで，居城アーグラーの近く，ヤムーナ川の右岸に建てたイスラム様式の墓廟である。1632年に着工し，22年後の1653年に完成した。ペルシャやアラビア，はてはヨーロッパからも職人をあつめた。4本のミナレットに囲まれた墓廟は，60mの正方形，高さもおなじ巨大なドームが乗る。碧玉，ヒスイ，トルコ石，ラピスラズリ，サファイア，カーネリアンなど，28種類の宝石がちりばめられ，ラジャスターン産の白亜の大理石が覆う。

　ジャハーンは，黒大理石の墓廟をヤムーナ川の右岸に建てようとした。みずからの死後も，愛するマハルと向かいあうために。しかし，さしものムガール帝国も，タージ・マハルに注ぎ込まれた財宝のために，沈みつつあった。息子アウランダ皇帝はついに，ジャハーンをアーグラー城に幽閉。

　ジャハーンは涙に暮れ，黒大理石のもう一つの宝石が，光輝くことはなかった。わずかに，その基壇だけが残されているという。

　近年，排気ガス，酸性雨などの環境汚染の影響で，傷みが進んでいるそうだ。

解　答

問題1
- ① 10609　② 11025　③ 12544　④ 14884
- ⑤ 15625　⑥ 1010025　⑦ 1030225
- ⑧ 1067089　⑨ 1050625　⑩ 1024144

問題2
- ① 396　② 216　③ 864　④ 2009　⑤ 1591
- ⑥ 8036　⑦ 4599　⑧ 6391　⑨ 3584　⑩ 2464
- ⑪ 4884　⑫ 62475

問題3
- ① 806　② 1599　③ 3591　④ 39775　⑤ 89775
- ⑥ 254625

問題4
- ① 300　② 741　③ 171　④ 990　⑤ 1653
- ⑥ 2211　⑦ 2701　⑧ 3655　⑨ 4950　⑩ 7875

10 まだまだある，ふしぎな掛け算

インド，また，インドでなくても，掛け算で遊ぼう！

1 ３３が９が続くよ♪

インドのこどもたちは，九九のほかに，いろんな法則をたのしく覚える。

```
3×3＝9
33×33＝1089          ←  これが元になる数で，頭に叩き込む。
333×333＝110889
3333×3333＝11108889
33333×33333＝1111088889
333333×333333＝111110888889
3333333×3333333＝11111108888889
33333333×33333333＝1111111088888889
```

この数字の列を見ると，基本の１０８９に，掛け算の桁が上がるつど，０の左側に１が加わり，右側に８が増えているのがわかる。

掛け算のたのしさを，遊びながら身につけていく。

ふしぎな掛け算は，まだ，つづく。

2 ふしぎな掛け算

１～９まできれいに並んだ数に，９を掛けると，

　　１２３４５６７８９×９＝１１１１１１１０１

８を掛けると，

　　１２３４５６７８９×８＝９８７６５４３１２

第1章 10 まだまだある，ふしぎな掛け算

じゃ，7は？ じぶんでやってね。

9の掛け算には，こんなこともある。

9×1＝ 9
9×2＝18
9×3＝27
9×4＝36
9×5＝45
9×6＝54
9×7＝63
9×8＝72
9×9＝81

答えを上から見ると，1の位は9，8，7，6，5，4，3，2，1
　　　　　　　　　10の位は1，2，3，4，5，6，7，8
　　　　　　　それぞれ順に小さくなり，大きくなっている。

つぎのような，99もある。

99×1＝ 99
99×2＝198
99×3＝297
99×4＝396
99×5＝495
99×6＝594
99×7＝693
99×8＝792
99×9＝891

きれいに**数字**が並んでいるでしょう。
こんなことから**数学**が，**好きになる
子ども**も多いです。

上から順に，100の位は0〜8に増えていく。
　　　　　1の位は9〜1へと減っていく。
　　　　真ん中の10の位の9は，王様のように不動だ。

3 数のピラミッド

```
3×9+6                 =33
33×99+66              =3333
333×999+666           =333333
3333×9999+6666        =33333333
33333×99999+66666=3333333333
```

なぜ6を足すの？　なんて言わないの。

さっき見た，123456789×9＝1111111101
を使うと，ピラミッドがまたできる！

　10の位だけが0で，ほかはすべて1の連続。ゼロをなくすには10を足せばいい。すると，

```
123456789×9+10=1111111111
 12345678×9+9 =111111111
  1234567×9+8 =11111111
   123456×9+7 =1111111
    12345×9+6 =111111
     1234×9+5 =11111
      123×9+4 =1111
       12×9+3 =111
        1×9+2 =11
```

見事な，逆ピラミッドができた。
計算の順を逆さにすれば，
ふつうのピラミッドだけどね。

数字のピラミッド は，まだある。

```
        1× 9+1×2  =11
       12×18+2×3  =222
      123×27+3×4  =3333
     1234×36+4×5  =44444
    12345×45+5×6  =555555
   123456×54+6×7  =6666666
  1234567×63+7×8  =77777777
 12345678×72+8×9  =888888888
123456789×81+9×10=9999999999
```

このほかにも知られている，ふしぎな掛け算がある。

左辺と右辺が，おなじ数だけでできている掛け算だ。

```
16×4=64      →1×64
19×5=95      →1×95
26×5=130     →2×65
49×8=392     →4×98
```

まだつづくが，打ち止めにしよう。
最後のドリルを，忘れていた。

4　1の位の数がおなじで，10の位の合計が10の掛け算

まえに習った，75×75のちょうど逆。

```
       6 7
   ×   4 7
   ─────────
     3 1 4 9
```

1の位をそのまま掛けた，7×7＝49が1と10の位
100と1000の位は，6×4に1の位の7を足せばいい。

したがって，答えは　3149

問題1

標準時間 各問 3秒　正答数 ／5

さあ答えを求めてみよう。

① 19×99＝_____

② 28×88＝_____

③ 43×63＝_____

④ 73×33＝_____

⑤ 96×16＝_____

☞正解は88ページにあります。

4のやり方を応用すると……

1の位，10の位がちがっていても，法則に合わせればいい。

44×68なら，44×(64＋4)に書き換えれば，

　　　(44×64)＋(44×4)

すると，4の法則が使える。

　　　2816＋176＝2992

これって，いちばんはじめに学んだ75×75の逆！

第1章 10 まだまだある，ふしぎな掛け算

問題2

標準時間 各問 15秒　正答数 ／5

前ページのやり方に書き換えて，答えを求めてみよう。

① 53×55＝_____

② 75×45＝_____

③ 34×68＝_____

④ 44×49＝_____

⑤ 68×45＝_____

☞正解は88ページにあります。

問題3

標準時間 各問 15秒　正答数 ／3

1の位の合計が10，10の位を同数に置き換えると……？　計算してみよう。

① 57×43＝_____

② 38×22＝_____

③ 73×74＝_____

☞正解は88ページにあります。

応用問題だけど，少しむずかしいかな。落ち着いて解いてね。

解答 標準的な解答例

問題1
① 1881
② 2464
③ 2709
④ 2409
⑤ 1536

問題2
① (53×53)+(53×2)=2915
② (75×35)+(75×10)=3375
③ (34×74)−(34×6)=2312
④ (44×64)−(44×15)=2156
⑤ (68×48)−(68×3)=3060

問題3
① (47×43)+(10×43)=2451
② (38×32)−(38×10)=836
③ (73×77)−(73×3)=5402

男性はターバンを巻き、ひげをのばしたシーク教徒の行列

第2章

インド数学の話，あれこれ

インドのシリコンバレーと呼ばれるバンガロールの雑踏

- 2桁の九九から教育の現場の声まで
- 計算に強くなる本も紹介！

1 インドの九九，世界の九九

「ゼロを発見した国」だけあって優秀なインド！

1 インドの九九

かつては，30×30〜40×40まで暗記した

　海外旅行がめずらしかったころ，みやげ話のひとつに，欧米のお店はつり銭の計算が遅い。日本人は，小学校で九九を丸暗記させられるから，すぐに計算できる，というのがあった。日本人はアタマがいいと，うぬぼれる気持ちがあったのだろう。

　ところが，世界は広い。上には上がある。インドがあった。もちろん，「ゼロを発見した国」と学校で習ったが，お釈迦さまの生まれた国，はだしの聖者マハトマ・ガンジーとネール首相，上野動物園に贈られたインド象の花子，くらいの印象だった。だから，最近の報道の増加ぶりは，ほんと「インド再発見」といいたくなるほどだ。

　なぜ，今インドなのか？　きっかけは，グローバリズムと情報革命の波だ。大勢のインド人IT技術者が，アメリカの情報産業を支えている。インド人の数学の能力の高さが証明され，ゼロが発見された5世紀から，いっきょに現代のインドに注目が集まったかたちだ。

　インド人の数学力が高いのは，小学校で習う2桁九九にあるらしい。2桁の九九は，なんと9801通りもある。インド人はみな天才？

　ひとむかし前は，30×30まで。40×40まで暗記したというインド人もいる。現在は，だいたい19×19まで丸暗記する。それ以上の計算は，いろんなメソッドで間に合うし，遊び感覚で自然に覚える。

　日本人が習う九九は81通りだが，19×19なら361通りもある。暗記力に自信のある人でも，おいそれとはいかないだろう。じつは，インドの2桁九九も，日本のやり方にちょっと似ている。

　1×1は「いん　いち　が　いち」，2×3は「に　さん　が　ろく」と語呂合わせ感覚で，リズミカルに覚える。

　ものの本によれば，ヒンズー語の数を表す単語は，1〜99までみな違う。23×37＝851は，8の単語と51の単語を並べて表すそうだ。多民族多言語の大きな国だから，ヒンズー語をつかわないインド人も多いわけだが，推測するヒントにはなりそうだ。

　いずれにしても，インド人は九九を丸暗記する。

2 世界の九九

　数学の大家ピタゴラス先生を生んだギリシアかな。いや，数学がなければピラミッドは造れないから，エジプトじゃないか。まてまて，中国にちがいない。いろいろ想像できるけれど，九九の起源は，ほんとのところはわからない。

　詮索はおいといて，世界のおもだった国の九九がどうなっているか，調べてみよう。

①　アメリカ

　アメリカの場合，タイムテーブルを使い，１２×１２まで習う。縦横１２までの数字のマトリックスだ。縦と横の交差したマスに掛け算された数字がある。これで覚える。

　４×８なら，four times eight is thirty two という具合に。

　習いはするが，日本やインドのように丸暗記を強制するわけではない。

　なぜ，１２まで？　イギリスやカナダなどもそうだが，数のまとまりの基本が１２進法だからである。１フィート＝１２インチ。統一ユーロになって廃止されたが，お金の単位も１シリング＝１２ペンスだった。１２まで覚えないと生活するのに不便だからだ。

②　イギリス

　イギリスも，タイムテーブルで１２×１２まで覚える。

　読み方は，４×８なら，four times eight equals to thirty two
このほかに，２×２を，two twos are four　３×２を，three twos are six
と簡略化してリズミカルに覚えさせる学校もあるそうだ。

テムズ川の流れとビッグベンの愛称で知られるイギリス国会議事堂

③　カナダ

　カナダもやはりタイムテーブルを使い，１２×１２まで覚える。読み方がちょっとちがって，

　２×３は，two by three is six と by と is を使う。

④　フランスやイタリアは？

　石原都知事がフランスの数の数え方を例にあげて，なんのことか忘れたが非難し，物議をかもしたことがあったっけ。なんせ，数え方がただごとじゃない。８１なんか，４０×２＋１だ。９０の桁も，９じゃなくて８をつかい，４０×２＋１０ってんだから，たいへんだ。

　九九といえるようなものは，ないらしい。インド式の指算に似たやり方だそうだ。８×７なら，左手の指を３本折り，右手の指を２本折る。わけは，３本は８−５，２本は７−５。で，これの読み方がユニーク。

　折った指の数の合計が１０の位，５本だから５０。立っている指を掛けた数が１の位を表し，２×３＝６　答えは５６という具合。

　ちょっと，九九とは言いがたい気がする。

　イタリアだって負けていない。おなじラテン系だから，九九らしきものはなく，２，４，６，８　５，１０，１５，２０　と指折り数えるそうだ。

凱旋門の屋上から見たパリの街並み

⑤　ドイツ

　ドイツ語の数は，２２を２＋２０（zweiundzwanzig）と長ったらしい。３桁の数は，アルファベットが２０以上つながっていて，読むのがつらい。九九のような覚え方はなく，几帳面な民族性か，計算表を使うという。

　ヨーロッパは打ち止めにして東洋にもどろう。

⑥ 中　国

　古代文明の栄えた国は，九九の歴史も古い。

　春秋時代というから，紀元前770〜紀元前403年ころまでさかのぼる。「論語」を書いた孔子はこの時代の人だ。斉という国の桓公は，国中に人材を求め，九九が得意な人を採用した。桓公は紀元前7世紀半ばの人だから，2600年前の逸話である。なんにしても古い。

　ただ，この時代の九九は，「九九八十一」からはじまり，それで九九というようになった。日本の呼び方も中国の影響だ。紀元後の5世紀ころ，現在のように，1からに変わった。そのころの算数の本「孫子算経」には，九九のつぎは，9の4乗6561，9の3乗729，それから，八九七十二にもどっていくそうである。

　古い話はやめて，現代の中国ではどうか。9×9まで。
　1乗1等1が，1×1＝1　乗は×，等は＝。
　2乗3等6は，2×3＝6
と覚える。

⑦ 台　湾

　九九乗法といい，1の段は抜きともいう。
2×2＝4は，224と数字を並べて読むやり方と，22得4と読む，ふたつの読み方がある。得は＝の意味。

3　日本の九九‐芸人の名前まで九九

　お家芸とうぬぼれていた九九。九九そのままの芸人がむかしいた。由利徹，南利明とコンビを組んだ，八波むと志だ。「はっぱ　ろくじゅうし」の読み替えである。

　しぶい役者にもいた。山茶花究（さざんかきゅう）は，浅草軽演劇の古川六波一座の喜劇役者。3×3＝9をそのまま芸名にしちゃった。

　江戸時代の寺子屋時代から，つい先ごろまで日本の庶民の教養は，
　「よみ，かき，そろばん」
　そろばん球は，九九を知らないとはじけない。

　奈良時代，九九を練習した木簡，つまり，薄くはいだ木のへらが遺跡から出ている。先進国の唐に留学生をたびたび派遣した。その前の遣隋使，小野妹子が派遣されたのは607年，1400年の昔。

　おもしろいことに，「ひらがな」ができる前，万葉集の和歌に九九が読み込まれている。

　満月の15夜は，三五月で「もちづき」。もちは，もちろん，望月のこと。「しなむよ」の「し」を「二二」と書いている。うそだと思われるのもシャクだから，ひ

とつ実例を披露する。

　万葉集巻八（1495番）
「あしひきの　木の間立ち潜く　ほととぎす　かく聞きそめて　のち恋ひむかも」
　潜くは「くく」と読むが，原文の万葉仮名には「八十一」と書いてある。九九八十一を知っているから，こう書いたわけだ。
　平安時代には，貴族の子どもたちの教科書「口遊（くちずさみ）」に九九がでている。本の名前からして，言葉あそび，語呂合わせ風。

　さて，インドの2桁九九には，ぶったまげたが，日本も捨てたものではないことを，ちょっと書いておこう。と言いたいところだが，中国からの伝来だ。しかし，昭和の初期まで学校で教えていた。
　「そろばん」の割り算に使った「八算」。割り算の九九まであったのだ。
　八，というのは，1は不要だから。1で割ってもそのままだもんね。
　「二一天作の五」というコトワザみたいな熟語を耳にした人もあるだろう。10÷2＝5のことだ。
　よく，進退に困ったときのことを，「にっちもさっちもいかない」と言うが，これは「二進三進もいかない」と書く。この「二進三進」は八算の呼び方で，2÷2＝1，3÷3＝1を意味している。
　「四三七十の二（しさんななじゅうのに）」は，30を4で割ると7余り2を表している。割り算の九九を覚えると，そろばんが早い。
　商人にかぎらず，庶民は「よみ，かき，そろばん」をマスターするようこころがけた。そろばんには，九九と割り算の九九が必須だったのだから，ご先祖さまたちも，たいしたものだった。電卓頼みの現代とは大ちがい，ということがお分かりいただけただろうか。九九は，生活術そのものだったのだ。

　インドがITとともに，世界の注目を集めているのも，2桁九九の暗記で，計算が速いからだろう。コンピュータは計算マシン。計算は算術。算術の基礎は九九。現代は速いということの価値が高い時代だから，九九が話題になるのも当然だろう。

4　エジプト，ギリシアの九九

　古代の大文明をあとまわしにしたのには，わけがある。ピタゴラス，アルキメデスなど，数学の天才がたくさんいた。エジプトはピラミッドを造り，占星術も盛んだった。当然，九九のような計算の基礎はあるはず，と思うのがふつうだろう。
　ところが，ないのである。まったくないか，というと言いすぎる。形跡らしきものはある。紀元1世紀，ゲラサのニコマコスは，ピタゴラス学派の算術家といわれ，ギリシア初期の九九表を載せている，という。
　エジプトのすぐお隣さん，メソポタミアでは，紀元前2000年頃の九九表の粘土

第2章 1 インドの九九，世界の九九

板が発掘されている。シュメール文明では，５９×５９の表記まであったというのに…。

九九がないとしたら，どうやって計算したのだろうか。ギリシアもエジプトも倍加法を使った。おもしろいのは，おなじ倍加法なのに，やり方が逆さのところだ。

１３×１６の掛け算はこうする。

① **エジプトの場合**

1	16
2	32
4	64
8	128

左右の列とも，それぞれ２倍していく。
１３＝１＋４＋８だから，右側の数字，
１６＋６４＋１２８を合計した２０８が答え。

② **ギリシアの場合**

13	16
6	32
3	64
1	128

右側は２倍するが，左側は逆に，２で割っていき，端数はカット。
３÷２＝１.５だが，１にする。

そうして，左の数が２の倍数のときは，右側の数を消す。つまり，足し算しない。残った数の合計が答えになる。
　　１３×１６＝１６＋６４＋１２８＝２０８

２桁以上の大きな数の掛け算は，たいへんなんじゃなかろうか？

アテネのアクロポリスに建つパルテノン宮殿

2 数にまつわる話, あれこれ

抽象的な想像力に恵まれたインド人

　言葉と文字はどちらが先にできた？
　とうぜん，言葉だろう。
　じゃ，文字と数では？
　ちょっと，考えさせられるけれど，数が先にできたにちがいない。
　だって，数の観念がなかったら，羊も牛も数えられないから。
　手には，指が5本ある。両手で10本。足の指も借り出せば，全部で20本。20本もあれば，大昔の生活なら，十分だろうから。

　数にまつわる話を，あれこれ，考えてみよう。くたびれた脳をマッサージしてリラックスすることも，たまには必要だから，肩の凝らない雑学ってわけだ。

1 ゼロの発見の意味

　ゼロの発見は，人類にとって偉大な貢献だった。だれだかは，だれも知らないし，だれにもわからないが，インド人と言われてきた。

　でも，よく考えてみると，なかなか複雑だ。インダス川やガンジス川の砂浜に，ゼロが落っこちていたり，ヒマラヤの高山の奥深い洞窟に埋もれていたりするものじゃない。どこで発見したか？その偉大なインド人の脳みその中からに決まっている。あるいは，そのインド人の脳みその中で誕生した，とも言えるだろう。

　重要なのは，発見の意味だ。ゼロを表す記号「0」のようなものは，インド人だけじゃなく，紀元後のバビロニアにあった。中南米のマヤ人は，楕円形の真ん中に横線を引いた目を半分ひらいた形の記号でゼロを表している。ただ，それらは1609のような数の間の区別，位取りの空位を表すために使われていた。

海岸の露天屋台に並べられたインドの神々（ムンバイのチョーパティー海岸）

インド人が偉大なのは，ゼロをはじめて数学の計算に使ったことだ。紀元5世紀ごろのグプタ王朝の時代という。ゼロが発見されたことで，インド式十進法が生まれ，数学が飛躍的に発達できたのだ。その後，6世紀頃の数学の本や，グワリオール碑文，有名なガンダーラ石碑などにも残されている。すごいことなのだ。
　で，ゼロの発見とインド式十進法は，アラビアをへてヨーロッパに伝わった。おどろくのは，0，1，2，3，〜，9のアラビア数字を創造したのも，じつはインド人だったことだ。アラビア人が改良してヨーロッパに伝えたために，ヨーロッパ人がアラビア数字と呼ぶようになった。ゼロは，インドのサンスクリット語では，sunya（空・無）だが，イタリア人がゼロと呼び始めたそうである。

2　数のあらわし方

　今もそうかしらないが，そろばんの一級試験に合格するには，漢数字で書かれた伝票算をクリアする必要があった。小学校5年で受験した著者は，漢数字を読むことはできても，いかせん遅いのだ。2級でいいや，とそろばん塾をやめてしまった経験がある。
　一，二，三，四，五，六，七，八，九，十，百，千，万，…。これだけならまだいい。今でも，金額の大きいときは，偽造されないように漢字で書く慣習になっている。
　一は壱，二は弐，三は参，五は伍という具合に，左側に人偏のある漢字を混ぜるのだから，たまったものではなかった。

　明治元年は西暦1868年。漢数字で書くと，一千八百六十八年。
　ⅠⅡのローマ数字で書くと，MDCCCLXⅧ年となる。
　ローマ式は，Ⅰ，Ⅱ，Ⅲ，Ⅳ，Ⅴ，Ⅵ，Ⅶ，Ⅷ，Ⅸ，Ⅹ
　　　　　　L＝50，C＝100，D＝500，M＝1000
　漢数字でもやっかいなのに，ローマ数字となると，モニュメントだ。
　計算は至難。
　4桁はかなわないから，3桁の掛け算を試しに漢数字で書いてみよう。アラビア数字こと，インド数字の明解かつ便利なことが一目でわかる。
　369×147＝三百六十九×一百四十七の掛け算，厳密に書けば×は乗でなければいけない。

砂浜に作られたヒンズー教の女神

三百×一百	＝三万	
三百×四十	＝一万二千	
三百×七	＝　二千一百	
六十×一百	＝　六千	
六十×四十	＝　二千四百	
六十×七	＝　　四百二十	
九×一百	＝　　九百	
九×四十	＝　　三百六十	
九×七	＝　　　六十三	
	足すと＝五万四千二百四十三	

　ふう，つかれた。ふつうの掛け算とちがって，横書きだから，アタマの三百×一百から始まるわけで，手順が逆で混乱しやすい。
　漢数字の掛け算でこれだから，ローマ数字はいうもおろかだ。
　こうなりゃ，意地だ，ローマ数字の掛け算もやったろか。
　やっぱり，やめとく。

3　道具の考案，計算機あれこれ

　タータンチェックのマスに小石を置いていたのが，1614年，スコットランドの数学者ジョン・ネイピアによって，計算棒が発明された。およそ，400年前のことにすぎない。フランスの哲学数学者パスカルは1823年生まれだから，ネイピアののちの世代だが，税務役人の父の仕事が楽になるように，計算機を工夫している。

　余談はおいといて，ネイピア計算棒であるが，インド数学で習ったマス掛け算の，ほとんど応用と改良である。掛け算，割り算，平方根までできた。

> **ネイピア棒とは**
> 　木・金属・厚紙などで作った細長い独立した板（棒）。0は不要なので，1〜9まで9本のネイピア棒がある。一番上の正方形をのぞいて，下の段の正方形は斜線によって上下に分けられている。一番上の数を，それぞれ2〜9倍した数が斜線の上下に分けて書かれている。

　枠付のボードと，九九を元にしたネイピア棒をつかう。ボードの左側の縦軸には，1〜9までの数字が書いてある。ネイピア棒には，それぞれ，左側の数字との積（掛け算の結果）がマスの対角線の上下に書いてある。
　うんと簡略化したのが，つぎの図だ。

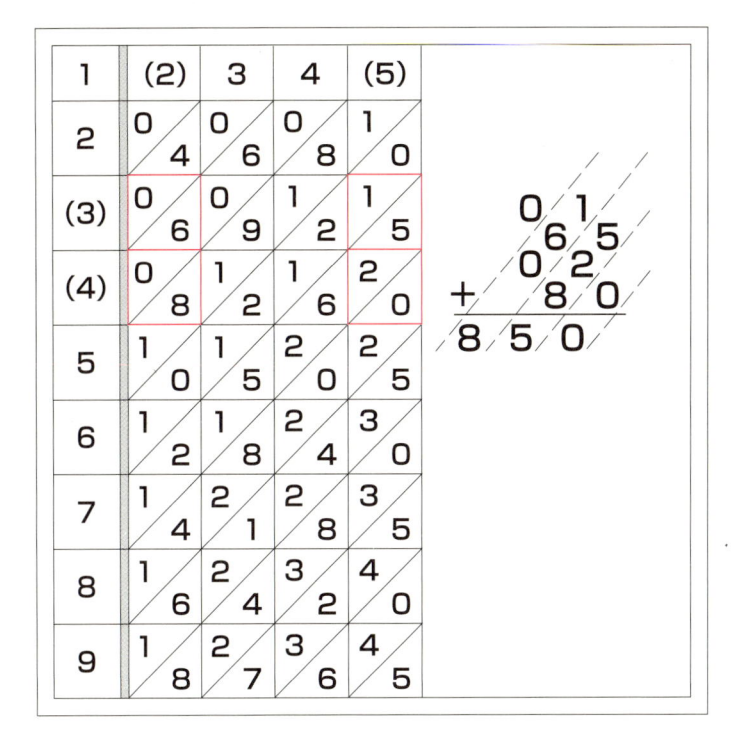

34×25の掛け算では，縦横の交差したマスの数を斜めに足して，850を求める。掛ける数が，52なら，ネイピアの棒（骨）を入れ替えて，5，2の順に並べれば答えが求めやすくなる。

4 数に関する言葉，あれこれ

　ゼロを発見するくらいだから，インド人は抽象的な想像力に恵まれている。時間についても，スケールがでかい。お釈迦さまは，なが〜い時間のことを「劫（こう）」といったし，お経によくでてくる単位も，すごい。
　　恒河沙（ごうがしゃ）は，10の52乗
　　阿僧祇（あそうぎ）は，10の56乗
　　那由他（なゆた）は，10の60乗
　　無量（むりょう）は，10の68乗
　1のあとに，ゼロが52〜68個もつづく数である。

　日本語の数の呼び方には，ふた通りある。
　「ひ，ふ，み，よ，いつ，む，なな，や，ここの，とお」
　「いち，に，さん，し（よん），ご，ろく，しち，はち，く，じゅう」
　なぜ，ふた通り？漢字に音読みと訓読みがあるのとおなじ。ひ，ふ，み，〜は，訓読み。古来からの日本の読み方だ。
　ところで，ここには「ゼロ」がない。ゼロは，「零（れい）」。

２０以上はなんというか。古文をしっかりやってれば，わかるよね。
　　２０歳は「はたち」と呼ぶ。２０は「はた」
　　３０歳は「みそじ」だから，「みそ」
　　４０歳は「よそじ」だから，「よそ」
　　５０歳は「いそじ」だから，「いそ」
　　６０歳は「むそじ」だから，「むそ」
　　７０歳は「ななそじ」だから，「ななそ」
　　８０歳は「やそじ」だから，「やそ」
　　９０歳は「ここのそじ」だから，「ここのそ」
　　１００歳は「ももそじ」だから，「ももそ」
　あれ，１０歳は？
　五百は「いほ」，八百は「やほ」，千は「ち」，八千は「やち」，万は「よろづ」。いろいろ呼び方があって，こりゃたいへんだ。
　神様がたくさんいることを，八百万「やほよろづ」という。よろづは，数が多いこと，たくさんの意味。まあ，八百（やほ）以上は，あれこれたくさん，それ以上は数えるまでもないし，面倒だと考えたのかどうか，打ち止めにしてしまった。ウソ八百，九十九（つくも）など。
　まだまだあるかもしれないから，たまには，古語辞典をながめるのも，おもしろいよ。

公道にチョークで神の絵を描く女性（ムンバイ）

5　九九を使った言葉や熟語

　三五の月＝十五夜，満月ということは紹介した。
　二六時中（にろくじちゅう）　昔の時刻は２時間が単位だったから，
　　　　　　　　　　　　　　　２×６＝１２で，一日中の意味。
　四六時中（しろくじちゅう）　現在は２４時間制に変わったから，
　　　　　　　　　　　　　　　４×６＝２４
　二八そば　　　　　　　　　　江戸時代，そば一杯のお代は１６文
　　　　　　　　　　　　　　　だった。
　十八番（おはこ）　　　　　　売れっ子役者の芸が「２×９×１８」
　　　　　　　　　　　　　　　つまり，「にくいやつ」
　二九（にく）　　　　　　　　２×９＝１８で，娘盛りのこと。
　二七日（ふたなのか）　　　　２×７＝１４で，１４日のこと。

　ちょっと，辞書をめくっても，これだけ出てくる。暇があったら，辞書だけでな

く，江戸時代の俳諧や川柳，狂句などのなかに潜んでいるかもしれないから，勉強がてら，やってみてはどうだろう。

6 インドの速算術・ダイアグラム

　ここまで付き合ってくれたあなたに，とっておきの，プレゼントを差し上げよう。インド数学入門コース終了のお祝い。

　ニャンタさんが教えてくれた，１０以上の大きな数との差をもとに計算する方法を覚えているだろう。それのチャート式だ。
　古代インドの聖典のなかにあるそうだ。

　　　９５×８９をダイアグラムに当てはめると，

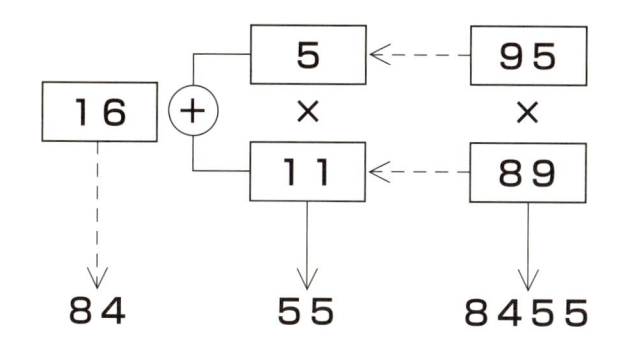

```
         ┌─[ 5 ]←---[ 95 ]
[ 16 ](+)    ×        ×
         └─[ 11 ]←---[ 89 ]
    │       │          │
    ↓       ↓          ↓
   84      55        8455
```

　まず，１００との差（補数）を左側に書き出す。
　　　　　１００－９５＝５
　　　　　１００－８９＝１１

　つぎに，その補数を足すと，１６
　５と１１は，掛け算すると，５５
　いちばん左の１６は，元になった１００から引き算すると，８４
　順に並べれば，８４５５，はい正解だ。

　※１０，１００，１０００～に近い数の計算には使えるが，中間の数には使えない。又，並べるとき，位取りに注意が必要だ。

3 計算に強くなる本

さらに脳をきたえる，おすすめの出版物

計算力を強くする

著者：鍵本　聡
判型：新書判
頁数：176ページ
定価：840円（税込）
発行：講談社
　　　ブルーバックス

180字紹介
担当：小沢　久

　計算の速い人ほど，生活のあらゆる場面で答えや結果を予測し，素早い判断と決断ができるといいます。たとえばビジネスの場面で，見積もりを聞かれて瞬時に概算できれば信頼度もアップし，ビジネスチャンスが広がります。試験でも，早く正確に答えに到達できれば，点数も確実にアップし希望の学校へ入学できます。目からウロコの計算テクニック満載，ゲーム感覚で計算力が身につきます。

計算力を強くする　Part2

著者：鍵本　聡
判型：新書判
頁数：176ページ
定価：840円（税込）
発行：講談社
　　　ブルーバックス

180字紹介
担当：小沢　久

　ビジネスなどで「計算する能力」というとき，そこには単純な数字の計算だけにとどまらない，数字の裏に潜むさまざまな状況を判断する力も意味します。意思決定しなければならない場面に遭遇しても，反射的に問題の道筋を思い描き，迅速かつ正確に問題を解けるかが勝ち組への近道。Part 1を凌ぐ秘伝の計算テクニックを紹介しながら，計算力を極めていく。シリーズ15万部のベストセラー。

脳いきいき！大人の計算プリント

著者：陰山英男
判型：B 5判
頁数：152ページ
定価：1050円（税込）
発行：小学館

180字紹介
担当：横山英行

　立命館大学教授で教育再生会議の委員も務める陰山英男氏監修の計算プリント。小学校現場における「百ます計算」の指導を通して，単純計算の反復的効果を立証。それに基づいた足し算，引き算，かけ算，わり算の「百ます計算」を掲載している。あわせて，計算の精度を上げるエレベーター計算，加減乗除の総合の帯分数計算で，総合力を鍛える。手軽に素早く，楽しく脳を活性化できるプリント。

脳を鍛える大人の計算ドリル

著者：川島隆太
判型：B 5判
頁数：150ページ
定価：1050円（税込）
発行：くもん出版

180字紹介
担当：相原正明

　東北大学川島隆太教授は，簡単な計算問題をすらすら解くことで，脳の前頭前野が活性化されることを実証しました。本著は，この研究結果をもとに，簡単な計算問題を解くことで，「脳を活性化し，脳を使う習慣」をつけていただくためのドリルとして刊行されました。したがって，本著は難しい計算問題を解くものではありません。短時間でもよいので，毎日取り組むことが脳の若さを保つポイントです。

第2章 3 計算に強くなる本

担当編集者が180字で語る，この本の魅力！

二桁のかけ算一九一九（イクイク）

著者：かえるさんと
　　　　　ガビンさん
判型：Ｂ６判変形
頁数：128
定価：989円（税込）
発行：ライブドア・
　　　パブリッシング

180字紹介
担当：窪田智子

IT大国インドでは当たり前，韓国でも大ブーム，それが二桁かけ算です。日本は九九までですが，いっそ九九拡大だ，というわけで，日本初の二桁かけ算の本が，この『イクイク（一九一九）』です。つい敬遠してしまう二桁のかけ算を，楽しい語呂で覚えよう，というのが，本書の目的。二桁の九九を，語呂を使って，笑いながら覚えられます！巻末付録にトイレで貼って覚えられる暗記表付き。

一桁×二桁のかけ算九一九（クイック）

著者：かえるさんと
　　　　　ガビンさん
判型：Ｂ６判変形
頁数：128
定価：989円（税込）
発行：ライブドア・
　　　パブリッシング

180字紹介
担当：窪田智子

二桁のかけ算「一九一九」の第2弾。1×11から9×19まで，語呂とヘタウマ系のイラストでスラスラ覚えましょう。たとえば年老いた一茶がナンパしてるといえば「老一茶，ナンパ」（6×13＝78）。お灸をしている一茶が遠くにいるなぁといえば「灸，一茶，遠いな」（9×13＝117）。あなたもインド人レベルに行けること請け合い！幻冬舎文庫からも「一九一九」「九一九」ともに発売中。

スピード計算トレーニングドリル

著者：鍵本　聡
判型：Ｂ５判
頁数：96ページ
定価：952円（税別）
発行：ＰＨＰ研究所

180字紹介
担当：山口　毅

あなたは次の問題を7秒以内に解けますか？
(1)5430－738，(2)668×5，(3)340×0.9，
(4)35×35，(5)32＋34＋36＋38＋40
本書では，これらを「筆算」とは別の方法で，しかも瞬時に解いてみせます。その鍵を握るのが，計算式の中身をたちまち分解する「計算視力」と，2桁のかけ算の一部の「暗記」。左に解き方，右に練習問題というシンプルなつくりで，すぐに取り組めるドリル！

脱下流　計算ドリル

著者：活脳研究会編
判型：Ｂ５判
頁数：128ページ
定価：700円（税別）
発行：風讃社
発売：日之出出版

180字紹介
担当：校條　真

計算に弱い人はいつまでたっても下流のまま。でも，本書で鍛えればどんな人でも計算力に自信がつきます。ドリルを解いてアップする6つの力は①計算力　②集中力　③推理力　④持続力　⑤想像力　⑥〝脳〟力。『下流社会』でおなじみ評論家・三浦展先生も推薦！受験生のテキスト，サラリーマン・ＯＬの計算力アップ，中高年の"もの忘れ"防止ツールとして一家に1冊，脳の常備薬。

103

4 グローバル・インディアン・インターナショナル・スクール訪問記

ニヤンタ・デシュパンデさんにインタビュー

1 テレビでインド式掛け算の妙技を披露

　マスコミで取り上げられると，環境が一変する。記事や報道を見て，別のメディアが押し掛ける。つい先だっては，テレビが取り上げ，代表のニヤンタさんが出演し，インド式掛け算の妙技を披露したばかりだ。

　こちらの取材申し込みを受けてくださるか，不安だった。ニヤンタさんは多忙を極めているから，スケジュールの調整がたいへんなのだ。幸い，スケジュールに空きができ，その日その時間ならということで，快く取材を受けてくださった。

　そのうえ，日本人スタッフの石澤浩美さんまでフォローに付けてくださるという。英会話ならませておけ，という口ではない。片言の取材では，聞いたそばから忘れかねない。その不安も解決，これで大丈夫だ。

　春を思わせる暖かい日。都営新宿線に乗り，江戸川区の瑞江駅に向かった。GIISが江戸川区にあるのは，インド人のIT技術者が勤務する企業が多いからだそうだ。新宿線で岩本町より先へは行ったことがなかった。

　瑞江駅には30分ほどでついた。地図にしたがってGIISに向かう。駅周辺の繁華街をぬけると，歩道と街路が碁盤目状に広がっていて，ミニ公園も散見する。下町というより，郊外のイメージにちかい。IT企業の進出で，都市基盤の整備がすんだらしい。そんなことを考えているうちに，学校についてしまった。約束の時間の5分前であった。

2 礼儀正しい子どもたち

　折りたたみ式のアルミフェンスで仕切られた校内，ミニ校庭には人工芝が敷き詰められている。遊び場かもしれない。受付で来意を告げ，首から提げるカードを渡される。守衛さんの指示にしたがい，エレベーターで3階のスタッフカウンターへ。

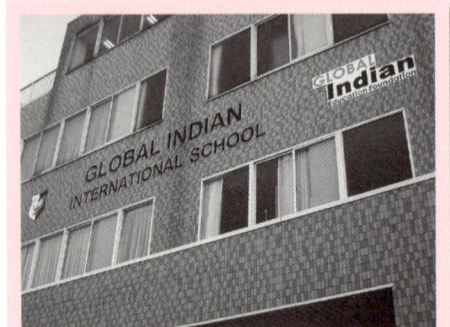

オフィスふう建物を改造したという学校の正面

　インド人の生徒は行儀がよく，エレベーターに乗り合わせた子どもも，廊下ですれちがう子どもも，きちんと挨拶する。東洋系の子どもが数人，日本の子どもだろうか。「こんにちは」と，こちらは日本語で挨拶をかえす。気持ちがいい。先生た

ちが礼儀作法をきちんと指導されているのだろうと，感心した。
　カウンターの向こうには，先生かスタッフか，若いインド人女性がふたり，ひとりは電話中，もうひとりはコンピュータを操作している。来意をつげ，しばらくベンチで待機。右手のオープンスペースから，インド人男性の声が響く。整列した子どもたちの中からひとりが前に出て，そして，英語でなにかしゃべる。順番に繰り返している。ときどき，先生が手を打ち，子どもになにか言っている。同行したカメラマン氏が，「ディベート」の練習じゃないか，という。そういう雰囲気なのだ。
　グローバリズムの時代には，日本人もディベート力をつけるべきだと話題になったことがあった。さすが，アメリカをはじめ世界のIT産業に進出するインド人技術者の子弟の通う学校だ。それはそれとして，なんとなく授業タイムなのに，学校全体があわただしい雰囲気につつまれ，下の階からは，楽器の演奏まで聞こえてきた。催事でも控えているのだろうか。
　それからまもなく，石澤さんが現れた。資料を渡し，取材の意図などを説明する。推測は当たっていた。石澤さんによると，コンペティションを控え，その練習で忙しく，それが済むまで通常の授業はないという。そんな次第で，取り込んでいるために，お待たせして申し訳ないと何度も侘びられる。頂いた名刺を確かめると，Teacher & Activity Coordinator と2段に書かれていた。

3　分解して具体的に理解

　ニヤンタさんに取材する前に，教室を案内してもらう。エレベーターで1階に降り，石澤さん担当のアクティヴィティ・ルームというのか，小さな講堂へ向かう。廊下には子どもたちがあふれ，ちょっとした混雑だ。電子オルガンのような楽器があり，弾いている子どももいる。

コンペティションの行進練習。整列する子どもたち，前方注意！

　つづいて2階に上がると，コンピュータ・ルーム。壁面に並んだパソコンに数人の上級生の男の子，下級生の少女らが見入っている。奥には女性の先生。ここで，忙しい石澤さんとスタッフコーナーにいたインド人女性と交代。日本語と英語をまじえて，ここは見ましたか，済みましたかと，各教室を一通り案内される。
　数人の生徒が残っていたり，がら空きだったり。机と椅子の数から，20人学級くらい。幼稚園児の教室もいくつかあり，教室によってグリーン，イエロー，レッド，ブルーと，カラーがちがっている。日本の幼稚園でいう桜組，梅組のような感じなのだろうが，色彩が鮮やかなので，印象が明るい。子どもたちのくったくのない表情もいい。
　四角四面に角ばったデスクじゃない，やわらかいカーブをつけた変形テーブルに，思い思いの向きで座り，ノートにいたずら描きしてる子，こちらを振り向く子，表

情が可愛らしい。学校のパンフレットによると、KINDERGARTEN（幼稚園）の中に、Nursery、JuniorKG、SeniorKGの3つのクラスがある。保育児童から園児までという意味だろうか。

KINDERGARTENは、どのクラスも子どもたちで一杯だった。アクティヴィティのコンペティションは小学生だけかもしれない。

園児たちに和まされてから、図書室へ。教科書を見せてもらう。日本の教科書よりも大判で、カラフルだ。ページを開き、写真を撮らせてもらう。パラパラめくってみて、内容が詰まっている印象を受けた。

教科書の内容を説明してもらう。ラックに積み上げてある本は、すべて教科書か副読本である。どの教科書を選んだらいいか、ちょっと迷う。2桁九九のページはないか、めくってみても、すぐには探せない。教科書の中身となれば、案内してくれる女性の説明も、いきおい英語にならざるをえない。やっと探し出して、撮影することができた。よく見ると、1〜20倍までの九九だ。

ページの上に、MULTIPLICATION TABLES 11〜20とある。1×19、2×19、3×19、……というふうに並んでいる。「Hand Book of India」に掲載され、雑誌でも紹介されたインドの2桁九九表とは、タイプがちがっている。よく見かける2桁九九表は、日本とおなじで、19×1、19×2、19×3、〜。19を2倍するといくつ、8倍するといくつ、という九九である。この九九表は倍数の位置が逆になっている。1〜9を2倍すると〜、5倍すると〜、11倍すると〜、と学んでいるようだ。日本の九九のように、リズムをつけてゴロ合わせで覚えるやり方でない、と思われる。

おじさん，だれ。はい，ポーズ，パチ

教科書の2桁九九表。あれ，感じがちがうなあ，左と右が逆さまだ〜

3桁の掛け算のページが興味深い。右ページの上の写真（教科書）に掲載されている例題434×278を見てみると、日本のやり方とおなじく、暗算で展開しているが、右側に掛け算の内容が書いてあること。また、いちばんのちがいは、434に掛ける278を、200＋70＋8に分解して示している点だろう。

本書のインド数学ドリルの実践で学んだように、掛け算する数の性質を、分解して理解し、計算しやすくする考え方が、この教科書の記述でよくわかる。インド数学の伝統が、いまも受け継がれている証拠だ。

教室めぐりにもどろう。いちばん興味深かったのは，理科室だった。案内人も，熱心だった。科学の知識を生かしたオブジェを丹念に作っている。この写真（右下）には，Specific Roles of Areas of Cerebrumと書いた旗が刺してあるから，大脳の部位ごとの機能，とでも訳せばいいのだろう。これを作っている子どもは，図を元に複雑な大脳のヒダを粘土で造形した上で，Basic Movements（基本動作），Hearing（聴く），Speech（話す），Skilled Movement（習得した動作）という小さな旗を，当てはまる部位に立てている。

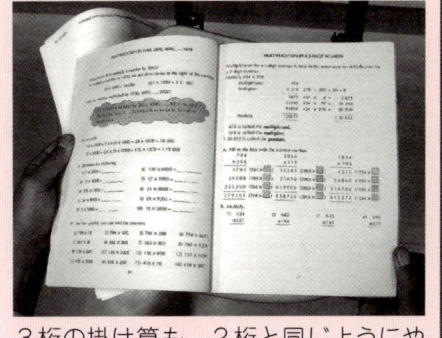

3桁の掛け算も，2桁と同じようにやりなさいって，書いてある

　学んだことを，自分の頭と指を使って具体的な形にしていく，再現していくことで，理解をさらに深める，そういうやり方である。まさに，ドリルであり，実践である。

　あいにくなことに，コンペティションの準備でふだんの授業がなかった。授業中に取材できたら，作っている子どもたちの表情，目の動き，先生への質問の様子などを知ることができたろうと，残念だった。

　日本人は，2桁九九ばかりに注目しているが，この理科室を見てもわかるように，知識を丸暗記するのではなく，分解して具体的に理解するという姿勢じゃないか，と思った。

科学授業のオブジェ。ぼくってアーティスト，だろう？

このことは，数を単位に分解し，掛けやすい形にする，ドリル実践篇やニヤンタさんから教えてもらったメソッドと共通するものがある，ということであった。

　教室はあらかた廻ることができた。ニヤンタさんの取材まで，すこし間があるので，スタッフコーナーでしばらく休憩。すでに12時を廻っていたが，スタッフの人も先生も，だれも食事にでかける気配がない。そろってとか，一斉にとか，そういう仕組みではないらしい。
　建物の下から，子どもたちの歓声が聞こえてきたので，窓から見下ろすと，入り口の人工芝で子どもたちが遊んでいた。

　しばらくして，ニヤンタさんの時間がとれた。斜め向かいの個室がニヤンタさんの仕事部屋だった。ドアが開き，うながされて入室した。
　いよいよ，取材インタビューのはじまりだ。

4 取材メモの裏側で計算を

　石澤さんを通して，取材趣旨のメモはわたっていた。

ニヤンタさん（以下代表）「コンペティションがちかくあり，その準備で忙しく，お待たせして申し訳ありません」

高橋（以下T）「お忙しい中，貴重なお時間を割いて取材に応じてくださり，恐縮です。インドは目覚ましく経済発展しつつあり，とくに，IT産業では人材の宝庫と言われています。きょうは，その理由といいますか，バックボーンはなにかということについて，おうかがいしたいと思います」

代表「わかりました。お答えできることなら……。わたしは設立者で，校長は別にいます。2006年7月にこの学校を開校し，2008年4月には横浜に姉妹校を設立する予定になっています」

T「インドのIT技術者がこの地区に多いと聞いていますが，日本には何人くらいインドの方がいらっしゃるのですか？」

代表「首都圏で1万人くらいでしょう。学校のある江戸川区，江東区に住んでいる人は，2，3千人じゃないですか」

T「現在，生徒数は何人ですか？日本人の子どもも見かけましたが，その割合は？」

代表「150人，日本人は10人です。すこしづつ，増えています」

T「グローバル・インディアン・インターナショナル・スクールが，正式の名称ですが，インド以外の国の子弟もいますか？」

代表「はい，インド以外では，バングラディッシュ，スリランカ，ネパールの子どももいます。日本人は別にして……」

T「本題に入りたいと思います。20数年前だったと思います。コンピュータ関連の仕事に携わっている友人がいまして，ソフトウェアの下請けをインドに発注していると聞き，驚いたことがありました。うかつにも，知識がなかったわけです。そんな記憶があるので，最近のインドブームをみて，なるほどこういうことだったのだと，納得したようなわけです。」

代表「それほどでもありませんが……」

T「インドの人がコンピュータに強く，世界のIT産業の担い手になった背景はなんでしょうか。新聞や雑誌で紹介された2桁九九の暗記が，数学に強く，ITに強い秘密ではないか，と言われています。インドの子どもたちは，ほんとうに2桁九九を暗記しているのでしょうか？しているとしたら，いくつまで暗記するのでしょうか？」

代表「ええ，いまでもやってます。20くらいまででしょう。わたしが子どもの頃

ニヤンタ代表，掛け算の特別授業が終わって，パチリ

は，30から40の九九まで覚えました」
T「さっき，教科書を見せていただきました。取材の前に，いろいろ調べて，インドの人が数学に強いのは，九九だけじゃなくて，掛け算に特別方法があると知りました。どれも日本の学校では教えないやり方です。これについては，どうですか？」
代表「はい，先日もテレビで紹介され，わたしが出演して，やりました。見ました？」
T「え，はい。びっくりしました。それで興味を持って調べたら，まだほかにもあるらしいとわかり，驚かされました」
代表「ええ，インド人はいろいろなやり方を工夫する，法則を発見する，メソッドですね。わたしも，おばあちゃんから，教わったのですよ。」
T「え，おばあちゃん，ですか？」
代表「ええ，……」
T「じつは，まだ紹介されていない，特別な方法を教えていただけないかな，と…ひそかに……期待して……いまして」

じつは，いわゆる取材は，ここで終了してしまった。

ニヤンタさんは，わたしの発言を聞き終わるや，デスクに広げてあったわたしの取材メモを裏返し，計算を始めてしまったのである。
その内容が，本書の「インド数学ドリルの実践その９　ニヤンタ・デシュパンデさんに教わった，とっておきのやり方」である。
「あれぇ，どうして？」驚きの声をあげると，ニヤンタさんは，別の数字でやり直してくれる。
「あ，そうか，そういうことか」と肯くと，こんどはちがう解き方を始める。この繰り返しが，何度あったことか。われに返ったときには，かなりの時間がたっていた。ニヤンタさんもおなじ思いだったようだ。

「これから，人に会う約束があります。一緒に出ましょう」

学校の前で別れるとき，ニヤンタさんは「聞きたいことがあるようでしたら，夕方，またいらっしゃってもいいですよ」と言って，足早に待ち合わせ場所へと向かわれたのであった。
「きょうは，ほんとうにありがとうございました」

ニヤンタさんの好意に，お願いします，といってしまったら，どういう結果になったろうか。いま確実に言えることは，「１日の間に，２度もインド数学のメソッドを詰め込んだら，脳が疲労して，こんがらがってしまったにちがいない」ということである。
本書で再現することができたのが，限界だったような気がする。

109

あとがき

　小学生の頃，毎夕，そろばん塾に通っていた。当時は，学習塾のようなものは，わたしの育った田舎町にはなく，そういうものがあることも知らなかった。勉強は学校だけ，終われば，夕方までソフトボールや泥んこ遊びに夢中，それから，そろばん塾にいく。同級生のほとんどがそうで，そろばん塾は，いまでいう学習塾だったのだろう。進級試験はあっても，進学塾のような悲壮感はみじんもないから，遊びの延長だった。

　ラッキーなことに，そろばんに向いていたらしく，暗算も得意だった。小学校の4年だったか，5年だったか，江戸時代の数学者関孝和を記念する全国珠算大会があり，それに参加することになった。小学生ばかりでなく，女子高生のお姉さんたちも一緒という，ごちゃ混ぜの奇妙な珠算大会。ラッキーにも暗算部門で3位に入賞してしまったのだ。

　貴重な日曜日にそろばん？　そろばん塾の先生に無理やりつれていかれ，うれしいとも思わず，賞品がなんと，賞状と湯呑み茶碗5個。学校の校門を出る前に，もう落として割ってしまう無邪気さ。

　インドでは2桁の九九を暗記している，2桁以上の掛け算にも独特のメソッドがあると知ったとき，すっかり忘れていたそろばんの記憶がよみがえってきたのは，そういうこども時代を送ったからだろうと思う。そろばんの経験があるだけに，2桁の九九を暗記する大変さが瞬時にわかったのである。調べてみると，掛け算にもさまざまな方法，法則があること，かんがえもつかないやり方であることがわかった。

　じぶんなりに，試して確かめてみたいと思い，ノートに整理していった。インド式掛け算のまとまった解説書はなく，数学の歴史のような本の中に，ばらばらに紹介されていたり，インターネットに散見する程度であった。

　これでいいのだろうか，まだ，これ以外にもあるかもしれない，それを確かめるために，グローバル・インディアン・インターナショナル・スクールの代表，ニヤンタ・デシュパンデさんにも，教えを請うた次第である。そういうプロセスをへて，まとめられたのが本書である。

　外国旅行をしたとき，ヨーロッパや中近東の人々が書く数字が読みづらかった経験がある。わたしたちの書き方とちがうのである。人によってもちがい，くるくるまわるような数字で読めるんだろうか，と不思議に感じた。かれらが実際に書く数字をここに示すわけにはいかないので，わかりにくいかもしれない。よくある例をあげれば，7を書くとき，下へ引く斜めの線の真ん中あたりに，バッテンを入れる。これは9やqと混同しないためだろうし，0（ゼロ）の真ん中に横線を引くのは，たぶん，アルファベットのQ，Oとまちがえないためだろう。

　こういうケースに出合うと，瞬間的に，その書き順まちがっていない，と思ってしまいがちだ。そういう感じ方の理由を考えてみると，漢字の正しい書き順を，勉